맛있어서, 하루 비건

맛있어서, 하루 비건

박정원 지음

Just Cook Vegan!

미호

"거의 샐러드만 드시겠네요?", "먹을 수 있는 게 별로 없겠어요."
비건은 평소 변변치 않은 식사를 할 것이라는 인식이 아직도 보
편적인 듯해요. 저도 매일 보통 사람들과 비슷한 음식을 먹고 있
고 음식을 만드는 법도 보통의 방법과 별반 다르지 않은데, 항상
무언가를 참고 절제하는 대단한 사람으로 여겨지곤 합니다. 만나
는 이들을 모두 붙잡고 일일이 설명할 수는 없는 일인 줄 알면서
도 마음 한편에 늘 그것에 대해서 더 하고 싶은 이야기, 맛보여주
고 싶은 음식들이 있었어요. "저 평소에 맛있는 것을 많이, 그것
도 다양하고 풍성하게 먹고 있답니다."

맛있는 음식과 먹는 것을 유독 좋아하는 저는 요리를 업으로 살
아가던 중 비건이 되면서 비건 요리를 시작했어요. 된장찌개, 파
스타, 떡볶이, 피자 등 평소에 흔히 먹는 음식을 어떻게 비건으
로 맛있게 만들까 생각하는 것이 매일의 도전이자 즐거움이었습니
다. 그 즐거움을 다른 비건 친구들과 함께 나누고 싶은 마음에
2019년부터 SNS에 하루하루 만들어 먹은 비건 음식을 공유해
왔어요. 그리고 비슷한 시기에 채식하기 힘든 상황에 있거나 채
식이 어렵다고 생각하는 사람들이 하루만이라도 맛있는 비건 음
식을 먹고 즐겼으면 하는 바람으로 '하루 비건'이라는 이름의 비
건 팝업 식당을 운영하기 시작했습니다.

팝업 식당, 온라인 클래스, 강연 등을 통해 제 음식을 좋아하는 분
들을 만날 수 있었고, 더 많은 사람과 이 즐거움과 가능성에 관해
서 이야기하고 싶어졌어요. 비건 음식에도 다양한 스타일이 있는
데, 그중에서도 제가 만들고 싶은 것은 식물성이라고 하면 흔히
생각하는 고정관념에서 벗어난 음식이거든요. 비건은 물론이고
비건이 아닌 이도 쉽게 접근해 즐길 수 있는 음식, 누구나 맛있어
서 먹고 싶은 음식을 만들고 싶어요. 그리고 그런 음식을 통해 비
건식이 일상과 많이 동떨어져 있지 않다는 것을 전하고 싶어요.

그래서 〈맛있어서, 하루 비건〉에는 다양한 일상식 레시피를 위주로 버섯 가라아게, 비건 가츠산도와 비건 다마고산도, 장어덮밥이 연상되는 가지 데리야키 덮밥 같은 비건이 되기 전에 즐겼던 음식을 비건식으로 시도해 볼 수 있는 레시피도 다채롭게 담았습니다. 음식에 대한 이야기와 함께 비건으로 지내며 겪은 소소한 일들, 친구나 동료들과 나눴던 대화, 여행지에서의 일, 그리고 막막하고 서툴렀던 저의 시시콜콜한 이야기들도 담았습니다. 비건 생활을 하며 "나만 이런 걸까?"라는 생각이 들 때, "나도 그랬어." 혹은 "아니, 나는 좀 달랐어."라고 이야기해 주는 친구가 있어 큰 힘이 되었던 기억이 있어요. 그렇게 친구와 이야기하는 마음으로, 써 내려갔습니다.

이 책을 쓰는 동안 참 많은 요리를 했어요. 손에 익은 음식들이었지만 정량적인 레시피를 확정하기 위해 시도했던 테스트의 성공과 실패의 경험이 저에게도 큰 배움으로 남았습니다. 비건 생활 중이거나 비건 생활을 시작하려는 분들에게도 하루하루의 성공과 실패의 경험이 결국 더 나은 비건 생활을 할 수 있는 밑거름이 될 거라고 말하고 싶어요. 무엇보다 중요한 것은 오랫동안 비건 생활을 이어가는 것이라고 생각하거든요. 실수하거나 실패해도 괜찮아요. 완벽하지 않더라도 최선을 다해 비건으로 살아가고자 하는 분들에게 계속 이 방향으로 같이 나아가자고 손 내밀고 싶습니다. 한 달에 하루라도 좋고, 일주일 중에 하루여도 좋아요. 우리 같이 '하루 비건' 해보는 거 어때요?

2021년 여름 하루비건 박정원

Contents

Chapter 1

바쁜 하루, 간단한 요리

Chapter 2

후루룩 챙기는 하루, 다국적 면 요리

Chapter 3

집밥 먹고 싶은 하루, 밥과 국 그리고 찬

Intro

하루 비건 시작하기

비건, 비거니즘이란?

'비거니즘Veganism'은 동물을 학대, 착취해서 만들어지는 모든 제품과 서비스를 거부하는 삶의 방식이자 철학이에요. '비건 Vegan'은 비거니즘을 지지하고 실천하는 사람들을 말합니다. 처음부터 모든 부분에서 완벽하게 비거니즘을 실천하는 것은 어려운 일이에요. 할 수 있는 부분부터 시작해서 범위를 점차 늘려가는 것도 좋은 방법입니다. 생각해보지 못했던 분야에서 동물이 학대되거나 착취당하는 경우가 많다는 것에 대해서 인지하고 또 다른 부분에서 바꿀 것은 없는지 고찰해보는 것도 좋은 실천 방법입니다.

식생활

비거니즘은 음식에만 국한되는 것이 아니지만, 공장식 축산업, 상업 어업 등 동물 착취의 주축을 이루는 산업들이 음식과 관련되어 있다 보니 채식을 지칭하는 데 쓰이는 경우도 많아요. '비건'이 채식의 종류나 채식주의자를 지칭하는 경우에는 육류를 비롯한 동물의 부산물(유제품, 알류 등)을 일체 섭취하지 않는 완전 채식, 그리고 그런 식사를 하는 채식주의자를 뜻합니다. 또한 식물성이더라도 만들어지는 과정에서 동물, 곤충이 착취되는 꿀, 팜유와 연지벌레를 사용해 만드는 코치닐색소 등의 식재료도 피하려고 노력합니다. 그렇기 때문에 비건 식생활은 단순히 동물성을 피하는 것이 아니라 고통을 느낄 수 있는 모든 존재들의 살아갈 권리, 그리고 환경, 기후 문제도 고려하는 넓은 사상이라고 볼 수 있어요.

비건은 기본적으로 육고기, 해산물, 난류, 유제품과 같은 동물성 식품을 섭취하지 않아요. 유럽 여행을 했을 때, 유럽의 마트에는 비건을 위한 식품 코너가 따로 마련되어 있거나 식품에 'Vegan'이라는 표시가 붙은 제품이 많아 장을 보는 것이 상대적으로 쉬웠어요. 하지만, 한국에는 아직 비건 인증 표시가 보편화 되어 있지 않다 보니 가공식품을 구매할 때에는 직접 확인해야 하는 경우가 많아요. 성분표를 자세히 읽는 것은 처음에는 번거로울 수 있지만 내가 먹은 음식이 무엇인지 구체적으로 알 수 있는 방법이에요. 참고로 원재료명에 기재된 순서는 함량이 많은 순서랍니다.

1단계 ▶ 알레르기 유발 물질 확인하기

식품성분표의 원재료명 아래에는 보통 알레르기 유발 물질이 표시됩니다. 식품 알레르기는 생명과도 직결되는 중대한 문제이기에 알레르기 유발 물질로 지정된 특정 성분을 표시하도록 하는 제도가 시행되고 있어요. 이 부분에 대한 확인만으로도 많은 논비건 Non-vegan 제품을 걸러낼 수 있어요.

2단계 ▶ 알레르기 유발 물질에 표시되지 않는 성분 확인하기

알레르기 유발 물질만 확인했을 때는 식물성으로 보이더라도 원재료명을 자세히 살펴보면 동물 유래 성분이 포함된 경우도 있어요. 대표적으로 알레르기 유발 물질에 잘 표시되지 않는 것은 가다랑어(가츠오부시), 액젓류(멸치 액젓, 새우젓 등), 조개류와 조개류에서 채취한 성분(패각칼슘 등)이 있어요. 정제설탕이나 소금의 경우, 정제하는 과정에서 동물의 뼈(탄화골분)가 사용될 수 있기 때문에 유의해야 합니다. 그리고 성분상으로는 식물성이지만 벌을 착취해

만드는 꿀이나 곤충을 갈아 만들기 때문에 피하는 코치닐 색소 등
도 있어요. 그밖에도 동물들의 서식지를 광범위하게 파괴해 생태
계에도 악영향을 미치는 팜유도 많은 비건들이 섭취를 줄이려 노
력하고 있어요. 대표적으로 피해야 할 성분들은 다음과 같습니다.

> 꿀밀납·프로폴리스, 난류·난백분·난각칼슘, 우유·카제인나트
> 륨·연유·전지분유·버터·생크림·치즈, 가다랑어(가츠오부시)·
> 액젓·패각칼슘, 코치닐·카르민색소, 젤라틴, 비타민D3

3단계 ▶ 조금 더 공부하고 알아보기

비건편의점 WiKi
http://ko.veganism.wikidok.net/
Wiki

러빙헛의 비건 규범
http://www.lovinghut.kr/kr/bbs/
board.php?bo_table=vegan_kr&wr_
id=1

2단계로 비건 식품을 100% 골라낼 수 있다면 좋겠지만, 여전히
비전문가가 해독하기에는 어려운 이름들이 성분표상에 많이 보일
거예요. 이런 성분들은 '비건편의점 WiKi' 사이트나 러빙헛의 비건
규범 등을 참고하거나 검색을 통해 확인합니다. 가장 확실한 방법
은 식품 제조사에 연락을 취해 동물에서 유래한 성분이 없는지 확
인하는 방법이에요. 찾아보면 이미 비건들이 확인해 공유한 제품
도 많이 있어요. 여러분이 처음 확인한 것이라면 유용한 정보를 다
른 사람들을 위해 공유하는 것도 좋겠죠.

의생활 및 생활용품

가죽, 모피, 울(양털), 다운(오리털), 캐시미어 등 동물성 소재를
사용한 제품을 소비하지 않고, 면과 같은 식물성 소재나 합성
소재로 만든 의류를 선택합니다. 빈티지 의류를 선택하는 방
법도 있어요. 비건이 되기 전에 이미 구매한 동물성 제품은 아
무래도 사용하기가 꺼려지지만, 그냥 버리기보다는 최대한 오
래 입거나 다른 활용법을 찾아서 쓰레기가 되지 않도록 하는
것이 과거의 소비에 대해 책임지는 방법이라고 생각해요.

화장품, 세제, 세안 제품, 담배, 영양제

화장품, 세제, 샴푸, 치약 같은 생필품에도 동물에서 추출한 성분이
포함되거나 동물 실험을 하는 경우가 많아요. 동물 실험을 하지 않
는 제품은 토끼 모양의 '크루얼티 프리Cruelty-Free' 표시로 확인할
수 있어요. 비건 인증을 받은 제품이더라도 그것이 곧 크루얼티 프

리라는 뜻은 아니므로 동물 실험에 대해서는 확인해 볼 필요가 있습니다. 요즘에는 샴푸바나 세제, 비누도 비건으로 다양하게 나와서 플라스틱 용기를 사용하지 않고 환경에 좋은 소비를 할 수 있어요. 시판 담배의 경우, 가혹한 동물실험을 거치는 경우가 많아서 직접 말아서 피는 잎담배를 피는 비건들도 많이 있어요. 종합 비타민, 오메가3 같은 영양제 중에도 동물에게서 추출해 만드는 성분이 많아서 아이허브(iHerb) 등의 사이트에서 비건 영양제를 검색하거나 약사에게 문의해서 구할 수 있습니다.

Vegan Kitchen

하루 비건 부엌 엿보기

자주 쓰는 도구

칼

단단하고 크기가 큰 재료를 자를 수 있는 셰프나이프(식도)와 작고 부드러운 재료를 섬세하게 자를 수 있는 과도를 준비합니다. 날카로운 칼날도 위험하지만, 단단한 재료를 자를 때는 무딘 칼날이 더욱 위험하기 때문에 주의해주세요.

도마

육류나 해산물을 손질하고 자를 때는 균이 옮고 냄새가 묻을 수 있어 재료마다 도마를 구분해서 사용해야 하지만, 식물성 재료를 사용한 비건 요리는 도마를 따로 구분하지 않아도 되어서 편리해요. 다만, 김치 양념은 빨간색 물이 들기도 하고 냄새가 잘 지지 않아서 김치용 도마를 따로 사용하고 있어요.

필러(감자칼)

감자나 당근처럼 단단한 채소의 껍질을 깎아낼 때 사용합니다. 셀러리의 겉섬유질을 벗겨내거나 양배추를 얇게 채치는 것과 같이 채소를 얇게 슬라이스할 때에도 유용합니다.

냄비

음식이 끓어오르는 것을 감안해서 만들려고 하는 양보다 좀 더 넉넉한 사이즈의 냄비를 사용하는 것이 좋아요. 바닥이 두꺼우면 내용물이 쉽게 눌어 붙지 않고, 골고루 열이 전달됩니다. 파스타면을 삶을 때는 면이 다 잠길 수 있게 속이 깊은 냄비를 사용하는 것이 좋아요.

프라이팬

프라이팬은 바닥에 코팅이 잘 된 것을 사용하면 재료가 눌어붙지 않아서 깔끔하게 조리할 수 있어요.

국자

국이나 소스를 덜 때 사용합니다. 파스타를 만들 때 면수를 뜨는 용도로도 사용합니다.

실리콘 주걱(스패츌러)

팬에 상처를 남기지 않으면서 음식을 깔끔하게 덜어낼 수 있어 자주 사용하는 도구입니다. 소스를 깨끗하게 덜어낼 때 특히 많이 사용합니다.

실리콘 집게(텅)

팬에 상처를 남기지 않으면서 재료를 볶거나 덜 때 사용할 수 있어 편리합니다. 특히 파스타를 만들 때 삶은 면을 프라이팬에 덜고, 팬에서 볶고, 완성 후 접시에 담을 때도 유용하게 사용할 수 있어요.

믹서기

국물, 수분이 있는 재료를 매끄럽게 갈 때 사용해요. 믹서기를 구매할 때는 몇 와트(w)인지 확인해보면 좋아요. 보통 모터의 와트가 높을수록 파워가 강하고 성능이 좋은 믹서기예요.

핸드블렌더

기본적으로 재료를 곱게 갈 때 사용해요. 수분이 적어 농도가

걸쭉한 재료는 믹서기보다 핸드블렌더를 사용하는 게 좋아요. 저는 마요네즈와 같이 재료를 조금씩 더하면서 갈거나 스프처럼 뜨거운 음식을 냄비에서 바로 갈 때 주로 사용해요. 핸드블렌더도 모터의 와트(w)가 높을수록 힘이 좋습니다.

오븐

저는 위아래로 열선이 들어간 전기 오븐을 주로 사용합니다. 가스 오븐이나 에어프라이어도 전기 오븐 대신에 사용할 수 있습니다.

전자레인지

얼어있는 재료를 빠르게 녹이거나 데울 때 사용합니다. 찜기가 없을 때 양배추 같은 재료들을 익힐 수 있고, 곤약의 수분을 날려서 꼬들하고 쫀득한 질감으로 만들 때 유용합니다.

자주 쓰는 양념

소금

소금의 종류에 따라 짠맛의 정도와 감칠맛이 달라지는데요. 저는 주로 바닷물을 증발시켜 만드는 천일염을 사용합니다. 요리에 바로 쓸 때는 천일염 가는 소금을 사용하고, 채소를 절일 때나 파스타 면수를 끓일 때에는 굵은 천일염을 사용합니다. 맛소금은 입자가 매우 곱고 조미료 성분을 포함하고 있어 레시피와 동일한 양을 사용하면 너무 짜거나 맛이 달라지므로 사용하지 않습니다. 이 책에서는 모두 천일염 가는 소금을 기준으로 레시피를 작성했습니다.

설탕

사탕수수로 만드는 설탕은 기본적으로 식물성이지만, 하얀색으로 정제하는 과정에서 동물의 뼈를 사용하는 경우가 간혹 있습니다(탄화골분). 우리나라에서 대중적으로 사용하는 백설이나 큐원 설탕은 탄화골분을 사용하지 않는 비건 제품입니다. 음식에 깔끔한 단맛을 더해주는 백설탕을 주로 사용하고,

흑설탕은 특유의 향과 맛을 가지고 있어서 일반 요리에는 많이 사용하지 않습니다. 백설탕 대신에 비정제설탕(마스코바도)을 사용하기도 합니다.

아가베 시럽, 메이플 시럽
서양식 비건 레시피에서 설탕 대신에 많이 사용하는 것이 시럽류입니다. 아가베 시럽은 선인장에서 추출한 시럽으로 단맛이 무척 강합니다(설탕의 1.5배 이상). 스무디 등의 음료를 만들 때 적은 양으로 단맛을 강하게 낼 수 있어요. 메이플 시럽은 단풍나무에서 추출한 시럽으로 아가베 시럽보다 특유의 향이 더 강해요. 그래서 저는 요리나 소스를 만들 때는 아가베 시럽을 자주 사용하고, 메이플 시럽은 꿀 대용으로 비건 요거트와 곁들이거나 비건 팬케이크, 크레이프에 뿌리는 용도로도 사용합니다.

간장, 된장, 고추장
일반 시판 제품들을 이용하되 된장의 경우, 감칠맛을 더하기 위해 동물성 성분을 첨가하는 경우가 있으므로 성분표를 잘 확인합니다. 고추장은 저렴한 제품의 경우, 쌀의 비중이 적거나 없고, 밀가루와 물엿을 많이 사용하는데 전통에 가까운 방식으로 만들수록 쌀, 고춧가루를 많이 사용합니다.

고춧가루
고춧가루의 굵기는 아주 고운 것부터 굵은 것까지 다양한데, 이 책에서는 일반적으로 사용하는 굵기(입자가 보이는 정도)를 주로 사용했고, 떡볶이와 같은 메뉴는 아주 곱게 간 떡볶이용 고춧가루를 사용했습니다. 국산 고추를 깨끗이 닦아 햇빛에 말린 태양초 고추로 만든 고춧가루가 값은 비싸지만 맛이 좋아요.

식물성 마요네즈
노른자 없이 만드는 식물성 마요네즈는 음식에 풍성한 맛을 더해주고 끝맛이 깔끔해요. 직접 만드는 마요네즈는 유통기한

이 짧은 것이 단점이고, 오래 두고 먹기에는 시판 제품이 편리
해요. 저는 오뚜기에서 나온 소이 마요네즈를 자주 사용하고
직접 만들어서 쓰기도 해요. 이츠베러, 베지가든 등 여러 회사
에서 식물성 마요네즈 제품을 만들고 있어요.

뉴트리셔널 이스트(영양 효모)

영양 효모 시즈닝으로, 이름에는 '이스트yeast'가 들어가지만
빵을 만들 때 사용하는 이스트와는 전혀 다른 식품이에요. 꼬
릿꼬릿하고 고소한 맛이 나서 치즈를 대체해 음식이나 소스를
만들 때 많이 사용해요. 현재 국내에서는 구하기 어려워 저는
주로 인터넷에서 해외배송을 통해 구입합니다.

스모크액

훈연향을 응축시킨 액체입니다. 대체육을 양념할 때, 비건 스
모크 치즈를 만들 때, 당근 절임이나 당근 베이컨 등을 만들
때 꼭 필요한 재료예요. 서양 요리에 주로 사용되는 편이고,
아주 적은 양으로도 강한 향을 내기 때문에 과하게 사용하면
음식의 맛이 이상해질 수 있으므로 유의하세요.

불맛 향미유(화유)

불맛을 낸 기름이에요. 시아스라는 회사에서 나온 화유라는 제품을 주로 이용하는데 라면 등의 매운 국물에 사용하면 중화풍의 불맛이 나서 짬뽕과 같은 느낌이 됩니다. 볶음 요리에 이용하면 음식에 중화풍 풍미가 더해져 조리의 맨 마지막 단계에 추가합니다.

미림(요리술)

일본 음식을 만들 때 많이 사용하는 요리술입니다. 비건 쯔유 등의 소스를 만들 때에 주로 사용하고 볶음 요리를 할 때 센 불에 알코올을 날려 잡내를 없애는 용으로도 사용합니다. 미림 대신 청주나 소주를 사용해도 됩니다. 참고로 국산 제품 중 맛술, 미향 등은 알코올도수가 거의 없고 식초가 포함되어 있어 미림 대용으로 사용하기에 적합하지 않습니다.

물엿

보통 옥수수 전분 등을 주재료로 만든 물엿은 음식에 윤기를 내주고 소스를 걸쭉하게 만듭니다. 물엿 대신 올리고당을 사용하는 경우도 있는데 올리고당은 열을 가할 경우, 단맛이 약해지기 때문에 너무 많은 양을 쓰게 될 수 있어요. 쌀로 만드는 조청의 경우, 특유의 향이 강해 요리에 사용하기 보다는 가래떡 등을 찍어먹을 때 곁들이고는 합니다.

참기름, 들기름

한식에서 고소한 맛을 위해 빼놓을 수 없는 두 가지 기름이에요. 들기름은 냉장 보관하되, 개봉 후 1~2달 이내의 빠른 시일 내에 먹는 것이 좋고, 참기름은 햇빛이 들지 않는 서늘한 곳에 상온 보관하는 것이 좋아요.

올리브유

엑스트라 버진 올리브유의 경우, 열을 가하면 산화가 되고 향도 약해지기 때문에 샐러드 등 뜨겁지 않은 음식에 더하거나 파스타나 리소토, 스프 등의 양식 요리의 마무리 단계에서 더해줍니다. 퓨어 올리브유는 열을 가해도 되는 볶음 요리 등에 사용합니다. 끓는점이 다른 기름에 비해 낮고 특유의 향이 강한 편이라 튀김 요리에는 적합하지 않아요.

식물성 기름

포도씨유, 해바라기씨유 등의 식물성 기름은 향이 없고, 끓는점이 높아 고온의 요리를 하기에 적합한 기름들이에요. 볶음, 튀김 등에 주로 사용하고 열을 가하지 않는 음식인 페스토 소스를 만들 때에도 이 식물성 기름을 사용하면, 기름 자체의 향이 적기 때문에 허브의 맛과 향을 잘 살릴 수 있어요.

레몬즙

소스를 만들 때나 음식에 뿌릴 때 사용해요. 신선한 레몬을 직접 짜서 사용하면 가장 맛이 좋지만, 레몬이 없을 때는 시판 레몬즙이나 레몬주스도 활용합니다.

식초

사과 식초, 현미 식초 등의 한국 식초가 있고, 애플사이더 비니거, 화이트 와인 식초, 레드 와인 식초, 발사믹 식초 등의 서양 식초가 있어요. 둘을 혼용해 사용할 수도 있지만 한식에는 한국 식초를, 양식에는 서양 식초를 사용하면 음식 본연의 맛을 더 잘 낼 수 있어요. 모든 식초를 구비하는 것은 부담이 될 수 있으니 한국 식초 한 가지, 서양 식초 한 두가지를 구비하면 좋아요.

향신료

향신료는 한번에 모두 구비하기보다는 새로운 요리를 만들 때마다 필요한 것을 한 가지씩 더해보세요. 제가 찬장에 두고 활용하는 스파이스들에는 강황가루, 스모크드 파프리카가루, 후추, 큐민 가루, 페페론치노, 건바질, 건파슬리, 건오레가노, 넛맥가루, 생강가루, 마늘가루, 양파가루, 시나몬가루 등이 있어요.

자주 쓰는 식재료

건다시마

두껍고 큰 다시마를 사서 조각조각 잘라 보관하면 사용하기 편리해요. 조각 다시마를 구입해도 좋습니다. 채수를 내거나 비건 소스에 감칠맛을 더할 때 자주 사용하기 때문에 항상 구비해 둡니다.

건표고버섯

채수를 낼 때 다시마와 함께 사용하면 감칠맛을 강하게 내주기 때문에 자주 사용하는 재료입니다. 생표고보다 건표고가 향이 더 응축되어 있어요. 보관도 오래 할 수 있고요.

건포르치니버섯

양식에 사용하면 고급스러움을 더해주고 강한 꼬릿함과 감칠맛을 낼 수 있어서 좋아하는 식재료입니다. 가격이 비싼 편이라 1년에 한 번 정도 사두고 때때로 조금씩 사용합니다.

두유

두유는 콩으로 만들지만 모든 두유가 비건인 것은 아니에요.

우유가 섞여있는 경우도 있고 양털에서 추출되는 비타민D3가 포함된 제품도 많습니다. 저는 무가당 매일두유를 가장 많이 사용해요. 미숫가루나 바나나 쉐이크, 라떼 등으로 활용해 마실 수 있고, 크리미한 국물이 필요한 요리에 편리하게 사용할 수 있어요. 단, 식초나 레몬즙 같은 신 성분과 만나면 몽글몽글하게 덩어리가 지기 때문에 매끄러운 소스를 만들고 싶다면 산 성분은 먹기 직전에 더하는 것이 좋아요.

캐슈넛 등의 견과류

캐슈넛은 진한 비건 크림 소스나 비건 치즈를 만들 때 주로 사용해요. 아몬드나 호두, 잣을 사용해도 괜찮아요. 요리에 활용해도 좋지만 간식으로 한 줌 집어 먹으면 건강에도 좋지요.

파스타면, 소면, 메밀 국수 등의 면류

간단히 식사하고 싶을 때 소면을 삶아 간장 비빔국수를 만들어 먹을 때도 많고, 파스타를 만들어 먹을 때도 많아요. 말린 면은 보관 기간도 긴 편이고 자주 먹기 때문에 떨어지기 전에 구비해 둡니다. 밀가루를 먹기 힘든 친구를 위해 쌀소면을 사두기도 해요.

재료 손질법

칼을 쥐는 법

기본적으로 엄지와 검지로 날을 잡는다고 생각하고 나머지 손가락으로는 손잡이를 감싸 칼과 악수하듯이 잡습니다. 이렇게 해야 바른 자세로 칼질을 할 수 있고, 어깨나 손목, 관절의 피로도를 줄일 수 있어요. 검지 손가락을 날 위에 올리는 자세나 날의 옆면을 잡지 않고 손잡이 부분만 잡는 것은 힘이 불필요하게 많이 들어가 손목과 손가락이 쉽게 피로해집니다.

곱게 다지기

마늘이나 대파를 손질할 때 많이 사용하는 손질법이에요. 마늘은 칼 옆면으로 세게 누른 뒤 작게 썰고 날의 앞부분을 한

손바닥으로 고정한 상태로 손잡이를 위아래, 양옆으로 움직여 고운 입자로 다집니다.

작은 육면체로 썰기(찹하기, Chop)

작은 사이즈지만 입자감이 있도록 자르는 방식으로 파스타나 양식 소스를 만들 때 볶은 채소를 이렇게 손질하는 경우가 많아요. 사이즈가 작아 재료가 빨리 익습니다. 세로로 3~5mm 정도 간격으로 칼집을 내 준 뒤 재료를 90도 돌려서 다시 같은 간격으로 썰어주면 됩니다.

깍둑썰기

깍두기와 같은 모양으로 '찹하기'보다 조금 더 큰 사이즈로 자르는 것을 뜻합니다. 채소의 씹는 맛(입자감)을 살리고 싶을 때 사용하는 손질법이에요.

채 썰기

당근채 볶음, 감자채 볶음 등을 만들 때 채소들을 얇고 긴 모양으로 써는 방법을 말해요. 파프리카처럼 겉에 얇은 껍질이 있어서 보통 칼질의 방식으로 쉽게 썰리지 않을 때는 날의 뒷쪽을 살짝 들어올려 날의 앞부분을 몸쪽으로 당긴다고 생각하고, 커터칼로 종이를 자르듯 자르면 쉽게 채 썰기를 할 수 있어요.

돌려깎기

고명으로 얹을 오이나 무를 아주 얇게 채 썰고 싶을 때 사용하는 방법이에요. 칼날 전체로 껍질을 돌려 깎듯이, 넓고 얇은 종이 모양으로 기둥모양의 재료를 돌려가면서 깎는 방법입니다. 깎아 나가다가 가운데 씨 부분에 닿으면 멈춥니다. 씨 부분은 버리고 얇게 자른 면을 모아서 채 썰기를 하면 아주 얇은 오이채나 무채를 얻을 수 있어요.

Vegan Processed Food

비건 가공식품

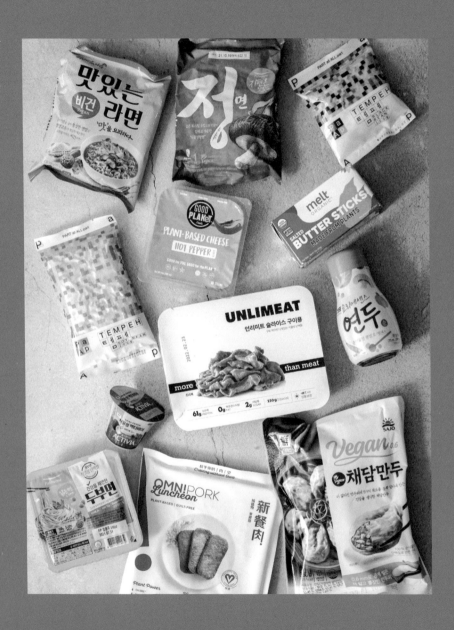

몇 년 사이 수요가 늘어나면서 비건 가공식품이 다양해졌어요. 수입되는 제품도 늘어났고, 국내에서 만드는 제품도 많아졌죠. 신선한 재료를 직접 손질해 가공되지 않은 형태로 조리해 먹는 것이 건강에 가장 좋겠지만, 바쁜 현대 사회에서 비건으로 더 오래 살아남기 위해 가공식품의 도움도 꼭 필요하다고 생각해요. 이 장에서는 현재 어떤 비건 가공식품이 국내에 출시되어 있는지 소개하려고 해요. 저의 식후평은 무척 주관적이니 참고만 하시고, 여러분의 취향에 맞는 제품을 찾아보세요. 저는 더 많은 제품을 알고 싶거나 식품성분에 대해 궁금한 부분은 인터넷 사이트 '비건편의점 WiKi' 페이지를 참고하고 있어요.

대체 육류

언리미트

한국 음식에 특화된 형태인 슬라이스 제품을 판매하는 국내 회사예요. 팬에 노릇하게 구워서 양념을 입힌 뒤 쌈밥으로 먹어도 맛있고, 구워서 잘게 다진 뒤 볶음밥을 만들어도 좋아요. 김밥이나 샌드위치에 사용해도 잘 어울리고요. 슬라이스 제품을 비롯해 민스, 패티, 풀드포크, 그리고 양념이 되어 있는 간편식도 출시되었어요. 이 책에서도 언리미트 제품을 주로 사용했답니다. 식물성 고기 쌈밥 정식, 반미 샌드위치는 슬라이스 제품을, 비빔밥 약고추장, 콩비지 찌개, 비건 치즈 감자 크로켓에는 민스 제품을 사용했어요.

비욘드미트

현재 가장 많이 알려진 미국의 대체육 회사로, 패티와 소시지, 민스 형태의 제품이 있는데 향과 색이 진하고, 풍미도 진한 편이에요.

옴니포크

돼지고기를 대체하는 제품을 만드는 홍콩 회사로, 런천, 스트립, 다짐육 등 다양한 형태의 제품이 출시되고 있고, 만두나 볶음요리에 활용하기 좋아요. 장조림 같은 모양의 식물성 '포크 스트립'과 통조림 햄 모양의 식물성 '런천' 같은 제품이 인기가 있고, 자극적이지 않은 편이라 우리 입맛에 잘 맞아요.

베지가든
국내 기업으로 다양한 한국식 제품들을 만날 수 있어요. 탕수육이나 떡갈비, 한입완자, 함박스테이크 등의 대체육 제품들이 있고, 소스나 간편식도 다양하게 출시하고 있어요.

가딘
캐나다 회사로 한국에는 현재 비건 데리야키 치킨 스트립, 크리스피 텐더, 스윗앤사워 포크리스 바이트, 비건 미트볼 등이 수입되고 있어요.

쏘이마루
콩으로 다양한 대체육을 만드는 한국 회사입니다. 논비건 성분이 포함된 제품도 만들기 때문에 성분 확인이 필요합니다. 너겟이나 커틀릿 등 다양한 제품이 있어요.

해양 동물 대체 제품

비건 어묵(베지푸드)
떡볶이를 해 먹을 때나 어묵 볶음, 잡채 등의 반찬을 만들 때, 우동, 어묵탕을 만들 때 사용해요.

다미채(베지푸드)
오징어채 반찬과 비슷한 채식제품인데 간단한 밥 반찬으로 먹기 좋아요.

비건 새우(베지푸드)
곤약이 주재료인 비건 새우는 튀김이나 비건 감바스, 볶음 요리나 파스타의 부재료로 먹어요.

채식 에센스, 채수 엑기스

요리 에센스 연두(샘표)

한식을 비롯한 아시아 음식, 그리고 양식을 통틀어 넓게 사용합니다. 액젓을 쓰는 레시피에서 대체하기 좋아요. 국을 끓이거나, 나물을 무칠 때, 볶음 요리를 할 때도 자주 사용한답니다.

국물 맛내기 가루(베지가든)

설렁탕이 연상되는 뽀얀 국물을 만들어주는데요. 이 가루면 뽀얀 국물의 떡국을 아주 간단하게 만들 수 있어요.

채수 엑기스

뿌리채소로 깔끔담백한 채소육수(샘표), 천연육수 순간 채수(델리스 주식회사)는 동양 음식의 채수를 간단히 만들 때 사용해요. 그리고 양식에는 해외에서 나온 채수 스톡 큐브나 파우더 제품을 사용하고요. 칼노트Calnort, 비오젠트라bio Zentrale, 낫 치킨 부용 큐브Not-Chick'n Bouillon Cubes의 채수 큐브 제품을 주로 사용합니다. 동양 채수와 서양 채수를 낼 때 사용하는 재료들이 기본적으로 다르기 때문에 만드는 음식에 어울리는 제품을 사용하면 그 음식의 맛을 더 잘 끌어올릴 수 있어요.

비건 치즈, 비건 버터, 비건 요거트

비건 치즈

직접 만들어 먹는 것을 가장 선호하기는 하지만 여력이 안될 때는 사서 먹을 때도 있어요. 자주 사먹는 비건 치즈 제품으로는 바이오라이프Violife, 굿플래닛Good Planet, 세이베Sayve 제품이 있습니다. 바이오라이프 제품 중에서는 체다향 크림타입 치즈와 모짜렐라 치즈를 좋아해요. 굿플래닛 제품 중에서는 다양한 슬라이스 치즈 제품을 샌드위치나 버거에 넣어 먹는 것을 좋아하고요. 세이베에서 나오는 하드타입 치즈는 치즈 그레이터로 갈아서 크림소스에 녹이거나 음식 위에 풍성하게 뿌려 먹고는 합니다.

비건 버터

나투를리Naturli에서 나오는 유기농 비건 스프레드와 멜트 오가닉Melt Organic에서 나오는 식물성 유기농 버터(무염, 가염, 스프레드 3종)를 자주 사용하는데 나투를리 스프레드 제품은 빵에 발라먹기 좋은 부드러운 제형이고, 멜트 오가닉 제품의 경우, 기존의 버터와 동일한 질감과 모양을 가지고 있어서 베이킹이나 요리의 기존 레시피에 사용하는 동물성 버터를 대체해 사용할 수 있어요. 논비건 음식을 비건화할 때 무척 유용해요.

비건 요거트

최근에는 풀무원에서 식물성 액티비아를 출시해서 대형 마트에서도 구매할 수 있게 되었습니다. 그리고 비거트, 소이포유 등의 국내 회사에서도 식물성 요거트, 비건 요거트를 만들고 있어요. 마켓컬리에 입점해 있는 미국 제품인 코코준Cocojune의 코코넛 요거트도 무척 맛이 있었어요. 요거트 메이커가 있으면 만드는 방법도 무척 쉬워요. 저는 휴럼 요거베리 식물성 요거트 스타터로 두유 요거트를 자주 만들어 먹어요. 950ml짜리 대용량 두유를 사용해서 한번에 넉넉한 양을 만들어 먹는답니다.

소스류

불독 돈가스 소스
소이 커틀릿(콩가스)이나 소이 너겟에 곁들여 먹어요.

A1 스테이크 소스
비건 패티를 구울 때 마지막에 이 소스를 발라 구우면 비건 패티 특유의 콩향을 가릴 수 있어서 좋아요. 바비큐맛을 내고 싶을 때 이 소스와 케첩을 살짝 섞어서 굽는 데 사용하기도 해요.

이금기 소스
중화풍 소스 중에 비건인 것이 꽤 많아요. 이금기에서 나온 두반장 소스, 해선장, 마늘고추 소스, 중화 간장, 마라 소스 등이 식물성이고 이 제품들을 요리에 이용하면 마파두부, 마라탕, 마라샹궈 같은 중화풍 요리를 쉽게 만들 수 있어요.

백설 소갈비 양념, 매콤한 돼지 불고기 양념, 소불고기 양념

이 제품들은 원래는 육류를 위한 양념이지만 성분이 비건이기 때문에 식물성 대체육을 양념하는 데 사용하면 편리하고, 매콤한 양념의 경우, 떡볶이나 다른 볶음 요리에도 응용할 수 있어요.

파스타 소스

오일이나 크림 소스와 달리 토마토 소스의 경우 비건인 제품들을 찾을 수 있어요. 물론 동물성 재료를 포함하는 제품들도 있기 때문에 성분표 확인을 하고 먹어요. 저는 바릴라에서 나오는 바실리코 소스, 올리브 소스, 아라비아타 소스를 자주 사용해요.

춘장

춘장은 콩을 주재료로 만들어져서 비건인 경우가 많아요. 기

름에 춘장을 잘 볶아서 다른 채소들과 간장, 설탕 등을 추가해 짜장 소스를 만들어 먹습니다.

채식 중화 소스(채식나라)
굴소스 대용으로 자주 사용하는 제품이에요. 여러가지 볶음 요리에 사용하면 편리하게 맛을 낼 수 있어요.

콩 발효 식품

템페
템페는 비건이 되고 나서 알게 된 음식이에요. 인도네시아의 전통 음식인데 콩을 발효시켜 만듭니다. 우리나라의 청국장이나 일본의 낫토와는 다른 향과 질감, 맛을 가지고 있어요. 굽거나 튀겨서 먹기도 하고 갈거나 으깨서 비건 라구 소스를 비롯한 소스류에 넣기도 합니다. 육류를 대체하는 좋은 단백질원 중 하나예요. 파아프에서 나온 템페를 자주 사용합니다.

낫토
뭔가 해먹기 정말 귀찮은 날에 밥 위에 잘 비빈 낫토를 얹어 와사비 간장과 함께 비벼 먹는 걸 좋아해요. 보통 곁들여 있는 간장 소스에 가츠오부시(생선)가 첨가되어 있는 경우가 많아서 빼고 먹습니다.

비건 김치

비건이 되면서 김치를 매번 담가 먹어야 하나 걱정을 했는데 인터넷에서 비건 김치가 잘 나오더라고요. 김치가 비건이 아닌 경우는 해산물이나 액젓, 육수 등이 들어가기 때문이고, 그런 성분 없이 만드는 다양한 김치를 인터넷을 통해 주문할 수 있어요. 사찰식 김치는 식물성에 오신채도 들어가지 않는 김치예요. 비건인 데다 무오신채면 맛이 없지 않을까 생각했는데 오히려 깔끔하고 맛있는 경우도 많았어요.

비건 라면

비건 제품들이 늘어나면서 비건 라면도 종류가 점차 늘어나고 있어요. 물론 자주 먹으면 건강에는 좋지 않겠지만 라면만큼 간단하게 먹을 수 있는 음식이 또 없잖아요. 쟁여두면 도움을 많이 받는 아이템이에요. 풀무원에서 나온 정면과 정비빔면, 오뚜기 채황, 삼양 맛있는 라면 비건 제품을 즐겨 먹어요. 컵라면으로는 삼육식품에서 나오는 감자라면, 그리고 라면은 아니지만 컵라면처럼 간단히 먹을 수 있는 베지가든 떡볶이(매운맛, 짜장맛)도 종종 먹어요.

비건 빵

빵을 만들 때 버터, 우유, 생크림을 비롯한 유제품과 달걀, 치즈가 사용되는 경우가 많은데 바게트나 치아바타, 베이글, 사워도우 같이 유제품이나 달걀을 사용하지 않고 만드는 빵도 있어요. 비건 빵집이 아닌 일반 빵집에서 구매할 때는 우유나 버터 같은 동물성 성분이 들어가지 않았는지 확인해서 사먹는 것이 좋아요.

채식 만두

가공식품 중에서도 가장 간편하게 먹기 좋은 것이 만두예요. 전자레인지에 간단하게 익혀 먹어도 좋고, 팬에 노릇노릇하게 굽거나 찜기에 쪄 먹을 수도 있지요. 비건 만두 제품이 정말 다양하지만 개인적으로 좋아하고 많이 사먹는 것은 진선 만두와 채담만두예요.

한 달에 하루라도 좋고, 일주일 중에 하루여도 좋아요.
우리 같이 '하루 비건' 해보는 거 어때요?

바쁜 하루,
간단한 요리

Just Cook Vegan!

과일 스무디와 스무디볼

채식주의자라면 생채소나 과일을 많이 먹을 거라 생각할 수 있는데요. 비건을 지향하면서도 따로 신경 쓰지 않으면 챙겨 먹기 힘든 게 과일이더라고요. 마트에 포장되어 있는 과일들은 때로 비싸게 느껴지기도 하고 한 묶음 사놓으면 조금 먹고 나서 금방 무르거나 상해서 버리게 되는 경우도 많아요. 그러다 보니 냉동과일이나 바나나를 자주 구입하게 됐어요. 바나나는 그냥 먹어도 든든하지만, 껍질을 까서 얼려놓으면 조금 더 오래 먹을 수있고 스무디로 만들어 먹기에도 좋아요.

믹서에 얼린 바나나와 식물성 음료에 아가베 시럽과 시나몬 가루를 톡톡 뿌려 갈아 먹으면 간단하고 든든한 아침식사가 돼요. 여름철에는 시원한 간식으로 제격이고요. 얼린 바나나를 베이스로 해서 블루베리, 파인애플, 딸기 등 다양한 과일을 함께 갈아먹기도 해요. 스무디볼로 먹을 땐 식물성 음료의 양을 줄여 더 뻑뻑한 질감으로 만들어서 견과류나 햄프씨드 등을 뿌려 먹는데 그렇게 먹으면 스스로를 건강하게 돌보는 것 같아 기분도 좋아져요. 다양한 식물성 음료 중 저는 주로 무가당 두유(비타민D3 미첨가)와 오트 밀크(귀리 음료)를 사용한답니다.

필요한 도구

핸드블렌더 or 스탠드믹서

주재료

얼린 바나나 1+1/2개, 딸기 약간 or 블루베리 1줌, 파인애플 1줌*,
식물성 음료 150~250 ml(스무디볼로 먹을 때는 음료의 양을 줄입니다),
아가베 시럽 or 설탕 1~2큰술

토핑 재료

캐슈너트, 아몬드 등을 비롯한 견과류 1줌*, 햄프씨드를 비롯한 씨앗류 1큰술*

- . -

1   하루 전에 바나나의 껍질을 벗겨 밀폐용기에 담아 냉동실에 미리 얼려둡
     니다.

2   꽁꽁 언 바나나와 식물성 음료, 집에 있는 다른 과일을 넣고 아가베 시럽
     을 기호에 따라 1~2큰술 뿌린 후, 블렌더로 갈아줍니다.

3   스무디는 컵이나 텀블러에 담고, 스무디볼로 먹을 땐 깊은 접시에 담아
     기호에 따라 토핑을 올려 먹습니다.

>   여름철엔 얼음을 몇 조각 넣어 같이 갈면 아작아작 씹히는 얼음이 청량
     감을 줍니다. 다른 과일 없이 바나나와 식물성 음료만 넣고 먹을 때는 약
     간의 시나몬 가루나 카카오닙스를 더해 보세요.

템페구이 샐러드

채식을 시작하고 알게 된 새로운 음식인 템페는 콩을 발효했다는 점에서 청국장, 낫토와 비슷하지만, 그것과는 또 다른 비주얼과 맛을 지녔어요. 템페를 먹는 방법은 정말 다양한데 템페 특유의 맛이 낯설다면 바삭하게 굽거나 튀겨 보세요. 짭짤한 양념이나 매콤한 소스를 곁들이면 더 친숙하게 다가갈 수 있어요. 두부, 버섯, 콩 단백, 밀 단백, 템페와 같이 육류를 대체하는 여러 가지 재료들은 서로 바꿔가며 사용할 수 있는데 그때그때 당기는 식감과 맛에 따라서 선택하면 돼요. 곁들이는 소스나 조리법에 따라서 같은 재료로도 맛에 다양한 변화를 줄 수 있어 요리를 하기 전에 재료를 고민하고 선택하는 것도 빼놓을 수 없는 즐거움 중 하나예요.

템페구이 샐러드는 어느 날 냉장고에서 시들어가던 샐러드 채소를 발견하고 만들어 본 요리예요. 샐러드 채소에 드레싱을 끼얹고 구운 템페만 얹으면 되니 정말 간단해요. 템페가 없으면 두부를 사용해도 좋아요. 두부로 만들면 바싹 구운 두부조림의 느낌이 나는데, 양식 드레싱의 샐러드와 어우러지면 색다른 맛으로 즐길 수 있답니다.

필요한 도구
프라이팬

주재료
샐러드 채소 1접시, 방울토마토 5~7개, 파프리카 1/4개, 템페 100g,
식물성 기름 1큰술

간장 구이 양념 재료
양조간장 1+1/2큰술, 메이플 시럽 or 설탕 1큰술, 다진 마늘 1작은술, 후추 약간,
참기름 1/2~1큰술, 깨소금 1작은술●

식초 드레싱 재료
올리브유 2큰술, 애플 사이더 식초 1큰술(일반 식초나 비건 발사믹 식초로 대체 가능),
소금 3꼬집, 아가베 시럽 1/2큰술, 후추 약간

- · - · - · - · - · - · - · - · - · - · - · - · - · - · - · - · - · - · -

1 템페를 냉동해놨다면 미리 꺼내 해동해주세요. 샐러드 채소는 찬물에 담
가 세척 후, 물기를 털어줍니다.

2 템페를 0.5cm 두께의 한입 사이즈로 자르고 방울토마토는 1/4 크기로
자릅니다. 파프리카도 작은 사이즈로 자릅니다.

3 간장 구이 양념과 식초 드레싱을 만듭니다.

4 팬에 식물성 기름을 두르고 가열한 뒤 자른 템페를 노릇하게 굽습니다.
템페가 바짝 구워지면 준비한 양념을 부어 중불에 잘 졸입니다. 불이 너
무 세면 탈 수 있으니 조심하세요.

5 채소를 한입 사이즈로 뜯어 방울토마토, 파프리카와 함께 접시에 담고 드
레싱을 뿌립니다. 잘 구운 템페를 올려 완성합니다.

> 간장 양념 대신 발사믹 식초와 아가베 시럽, 혹은 진하게 졸인 발사믹 글
레이즈만 사용해도 템페구이를 간단하게 만들 수 있습니다.

> 템페를 어느 정도 두께로 자르느냐에 따라 맛이 달라져요. 템페의 발효된
맛을 더 느끼고 싶다면 도톰하게 잘라 노릇한 정도로만 굽습니다.

새송이버섯
요거트 드레싱
샐러드

예전에는 샐러드를 그렇게 즐기는 편이 아니었어요. 제게 샐러드는 부가적인 메뉴 같았고, 메인 메뉴에 항상 밀렸던 기억이 있어요. 보통, 음식 한 접시 안에서도 채소는 스테이크 옆자리를 장식하는 '가니쉬'로 많이 쓰이잖아요. 비건을 지향하고 나서 식생활과 제 취향의 많은 부분이 천천히 변했는데, 그중 하나는 샐러드를 더 좋아하게 된 거예요. 샐러드를 사이드 메뉴로만 생각했을 때는 육식 재료의 맛에 가려진 채소의 맛을 온전히 느끼지 못하다가 비건을 지향하고 난 뒤 어느 날의 어느 순간, 채소의 맛을 하나하나 더 음미하게 되었어요. 올리브유와 식초, 소금으로만 버무린 심플한 샐러드에서 다양한 채소의 맛을 진하게 느꼈을 때의 그 기쁨을 아직도 생생하게 기억하고 있어요.

샐러드는 어떻게 먹느냐에 따라서 좀 더 든든하게 먹을 수도 있고, 아주 가볍게 즐길 수도 있어요. 요거트 드레싱 샐러드는 예전에 일했던 레스토랑의 메뉴로, 조금은 묵직한 맛에 속하는 샐러드였어요. 그 메뉴의 맛을 생각하면서 비건식으로 만들다 보니 원래의 레시피와는 조금 다른 느낌의 맛있는 샐러드가 완성되었어요. 요거트 드레싱을 만들 때는 두유로 만든 비건 요거트를 사용했어요. 전날에 미리 만들어 냉장고에 넣어두면 재료의 맛이 더 부드럽게 어우러져요.

필요한 도구

포크, 프라이팬

주재료

새송이버섯 2개, 샐러드 채소 1접시, 방울토마토 4~6개, 블랙올리브 3~5개*,
포도씨유 1큰술

비건 요거트 드레싱 재료

무가당 두유 요거트 100g, 올리브유 1큰술, 아가베 시럽 1작은술,
다진 마늘 1/2 작은술, 다진 샬롯 혹은 다진 양파 1/2큰술, 다진 케이퍼 1작은술,
후춧가루 약간, 쪽파 2줄기, 건파슬리 약간*

식초 드레싱 재료

올리브유 2큰술, 애플 사이더 식초 1큰술(일반 식초나 비건 발사믹 식초로
대체 가능), 소금 3꼬집, 아가베 시럽 1/2큰술, 후추 약간(샐러드 양에 따라 같은
비율로 양을 조절해주세요)

1 비건 요거트 드레싱을 만듭니다. 쪽파는 쫑쫑 썰어서 드레싱에 넣고 초록색 부분을 약간 남겨뒀다가 마지막에 장식용으로 뿌리면 예뻐요.

2 샐러드 채소들은 찬물에 담갔다가 잘 씻어 물기를 털어주세요. 방울토마토는 1/4로 자르고, 블랙올리브는 슬라이스해주세요.

3 새송이버섯을 포크를 사용해 세로결대로 찢어주세요. 처음엔 양이 수북해 보여도, 볶으면 부피가 많이 줄어듭니다.

4 팬에 포도씨유를 두르고 가열한 후, 버섯을 넣고 수분을 날리듯 노릇노릇 볶습니다. 이때 소금과 후추를 약간 뿌려주세요. 맛있는 향이 나기 시작합니다.

5 잘 볶은 버섯을 살짝 식혔다가, 만들어 놓은 요거트 드레싱을 더해 비비듯 섞습니다.

6 샐러드 채소는 한입 크기로 찢어 토마토, 블랙올리브와 함께 접시에 담고, 식초 드레싱을 만들어 적당량 뿌린 뒤, 요거트 드레싱에 버무린 새송이버섯을 위에 얹습니다. 쪽파나 파슬리가 있다면 뿌려서 장식합니다.

〉 새송이버섯이 흐물흐물한 상태를 거쳐 수분이 날아가 노릇해지는 순간까지 구워주세요.

〉 새송이버섯 요거트 드레싱 무침을 빵 사이에 끼워 먹으면 훌륭한 샌드위치가 돼요.

당근절임
베이글 샌드위치

채식을 처음 시작할 때 예전에 먹어왔던 음식들을 비건화해서 많이 먹었어요. 생의 대부분의 시간을 비거니즘을 모른 채 살아 왔으니 이전 식생활의 관성을 벗어나는 게 어려운 일일 지도 모르겠어요. 그렇지만 그간 익숙하게 즐겼던 음식을 비건식으로 만들어 먹다 보면 대부분의 음식을 충분히 비건으로 만들 수 있다는 것에 놀라게 되고, 때론 새로운 맛에 눈뜨게 될 때도 있어요.

이 당근절임으로 만든 샌드위치가 바로 그랬어요. 절인 연어 샌드위치를 모방한 비주얼인데 비슷한 향이 나면서도 또 다른 맛이에요. 비건 크림치즈, 양파, 케이퍼를 곁들여 내놨더니 함께 맛본 친구들 모두가 극찬했던 메뉴랍니다. 당근의 재발견이라는 의견도 있었어요. 당근을 좋아하지 않아 피하던 친구들도 이 샌드위치는 맛있게 먹었거든요. 한 번 먹으면 자꾸자꾸 떠오르는 맛이라고 하니 자주 만들어서 나누어 먹고 싶은 음식 중 하나예요.

샌드위치 2개 기준

필요한 도구
필러(감자칼), 오븐, 포일

주재료
베이글 2개, 당근 1개, 비건 리코타 치즈(p.326 참고), 양파 1/8개, 케이퍼 1큰술

당근절임 소스 재료
올리브유 2큰술, 간장 1+1/2큰술, 식초 1+1/2큰술, 아가베 시럽 1큰술,
딜(생허브 혹은 말린 허브) 약간, 스모크액 1/2작은술 or 스모크 파프리카
가루 1/4작은술*, 소금 후추 약간

— · — · — · — · — · — · — · — · — · — · — · — · — · — · — · — · — · — · —

1 깨끗이 씻은 당근을 필러를 사용해 리본처럼 길고 얇게 슬라이스합니다.
양파는 얇게 썰어 찬물에 10분 정도 담가두었다가 체에 건져 물기를 빼
둡니다.

2 오븐 용기에 당근과 절임 소스 재료를 담고, 뒤섞어주어 당근에 소스를
잘 묻힙니다. 겉이 타지 않고 양념이 잘 배어들도록 포일이나 오븐에서
사용가능한 뚜껑으로 덮어줍니다. 180℃ 오븐에 약 30분 동안 익힌 후,
꺼내어 식힙니다.

3 베이글을 반으로 잘라 비건 리코타 치즈를 양면에 듬뿍 바르고 아래쪽 빵
에 당근 절임을 얹습니다.

4 당근절임을 얹은 후, 그 위에 양파 슬라이스와 케이퍼를 얹으면 완성입
니다. 딜(생허브)이 있다면 마지막에 뜯어서 얹어주세요.

> 당근절임만 따로 만들어 먹고 싶다면 간장과 소금의 양을 줄여주세요.

> 씹히는 질감을 원한다면 당근을 조금 더 두껍게 썰어 양념에 잠시 재워
> 뒀다가 오븐에 더 오래 익히면 됩니다. 오븐이 없다면 당근을 쪄서 절임
> 소스에 재워 2~3시간 이상 두거나 소스와 함께 뚜껑을 덮어 전자레인지
> 에 2~3분 정도 돌린 뒤 식을 때까지 재워놓았다가 다른 재료와 조합해
> 먹으면 됩니다.

두부 마요
샌드위치

완전 채식을 하기로 마음먹으면 처음에는 먹어도 될 거라 혼동하게 되는 재료가 달걀과 유제품이에요. 외국 여행 중에 식당에서 식사를 할 때 분명 비건 음식이라 하여 주문을 했는데 다시 확인하면 달걀이나 치즈가 들어가는 메뉴인 경우도 있었고요. 저 역시 비건 지향을 시작한 지 얼마 되지 않았을 때는 오히려 고기보다 달걀과 유제품에 의존하던 습관에서 벗어나는 것이 어려웠어요. 달걀은 기존에 먹어 왔던 음식들 중에 가장 대체하기 어려운 재료 가운데 하나이기도 해요. 맛이나 질감도 그렇지만 달걀로 쉽게 만들 수 있는 음식들이 많았기 때문에 그러한 편의성에 의존하고 있었던 것 아닌가 하는 생각도 들어요.

예전에 간단히 만들어 먹었던 달걀 마요 샌드위치를 생각하며 두부 마요 샌드위치를 만들어보았어요. 주재료가 두부이지만, 생각보다 두부 맛이 튀지 않고 잘 어우러지는데, 이때 부드러운 두부보다 단단한 두부를 써야 식감이 잘 살아나요. 만들기 간단하면서도 속을 든든히 채워주는 음식이에요. 미리 사둔 비건 빵이 있다면 아침식사를 금방 챙길 수 있고, 도시락 메뉴로도 제격이에요.

샌드위치 2개 기준

필요한 도구
토스터 or 프라이팬

주재료
단단한 두부(부침용) 300g, 비건 식빵 4쪽, 오이 6cm, 식물성 기름 1/2큰술,
강황가루 약간(1/8작은술 정도), 소금 후추 약간

두부 마요네즈 소스 재료
식물성 마요네즈 7큰술, 디종 머스터드 2작은술, 뉴트리셔널 이스트 2큰술,
강황가루 약간(1/8 작은술 정도), 소금 약간

- -

1 빵을 노릇하게 구워 놓습니다. 오이는 얇게 슬라이스합니다.

2 달군 팬에 식물성 기름을 두른 뒤 두부를 손으로 으깨듯이 뜯어서 넣고
주걱으로 부숴가며 수분을 날리면서 볶습니다. 너무 잘게 부수기보다는
덩어리가 있게 볶는 것이 식감이 좋아요. 이때 소금과 후추로 간을 하고
강황가루를 조금만 톡톡 뿌려 색을 냅니다.

3 볶은 두부를 볼에 덜고 잠시 식혔다가 두부 마요네즈 소스 재료를 넣고
잘 섞습니다. 간을 보면서 소금을 추가해주세요.

4 구워 놓은 빵의 한 면에 식물성 마요네즈를 바르고 슬라이스한 오이를 얹
습니다.

5 두부 마요네즈 샐러드를 두툼하게 펼친 뒤 다른 식빵으로 덮어 완성합
니다.

> 식물성 마요네즈를 충분히 넣어야 더 맛있어요.

> 일반 소금 대신 칼라 나마크Kala namak라는 히말라야 블랙솔트를 사용하
면 달걀 같은 풍미를 낼 수 있어요.

삼각 주먹밥

비건을 지향하기로 다짐했을 때 아무 데서나 끼니를 때울 수 없다는 것이 가장 어렵고 두려운 일이었어요. 흔히 마주칠 수 있는 패스트푸드점이나 프랜차이즈 음식점은 물론이고 편의점에서도 끼니를 제대로 챙길 수 있는 비건 음식을 찾기가 어려웠으니까요. 급할 때면 편의점에 들어가 아몬드 밀크나 두유, 우유가 들어가지 않은 다크초콜릿, 바나나 등으로 배를 채우기도 했어요. 저렴하고 간편해서 자주 먹었던 삼각김밥은 육류가 들어가지 않은 것이 없더라구요. 전에는 의식하지 못했지만 비건이 된 후엔 다르게 보게 되었어요. 시장성 때문일 수도 있고, 고기를 먹어야 든든하다고 생각하는 사회적 인식 때문일 수도 있겠지만, 이유야 어떻든 채식 주먹밥이라고 해서 만드는 것이 더 어려운 것도 아닌데, 다양성이 부족하다는 생각이 들었어요. 요즘은 편의점이나 패스트푸드점에 비건 도시락이나 버거가 출시되기도 했는데 앞으로도 더 많은 비건 제품들이 나오기를 기대해 봅니다.

이 삼각 주먹밥은 식물성 마요네즈와 고추장 볶음으로 만든 주먹밥이에요. 자주 사 먹었던 삼각김밥 맛을 따라 해봤어요. 속 재료를 만들어 양념한 밥에 넣고 꼭꼭 잘 뭉쳐주면 완성되는 삼각 주먹밥. 간단히 한 끼를 해결하고 싶을 때, 도시락을 쌀 때, 떡볶이나 라면을 먹을 때 사이드로 곁들여도 정말 좋겠죠. 저는 템페와 두부를 함께 사용했는데 둘 중 하나로 해도 좋고 삶은 병아리콩을 으깨어 사용해도 좋아요. 모든 재료를 다 갖추지 않아도 좋으니 한 번 만들어보세요.

필요한 도구
프라이팬

주재료
밥 2공기, 참기름 2큰술, 소금 약간, 템페 1/2팩(100g), 두부 50g,
김밥용 김 1장(4등분 해서 준비), 식물성 기름 2큰술

간장 소스 재료
간장 2큰술, 아가베 시럽 or 설탕 1큰술, 참기름 1큰술, 깨소금 1작은술,
다진 마늘 1작은술, 후추 약간

템페 두부 마요네즈 양념 재료
식물성 마요네즈 3~4큰술, 식초 1큰술, 다진 케이퍼와 케이퍼 국물 1큰술

템페 두부 고추장 볶음 양념 재료
고추장 1큰술, 간장 1/2큰술, 아가베 시럽 or 설탕 1/2큰술, 참기름 1/2큰술,
깨소금 1작은술, 다진 마늘 1/2작은술, 후추 약간, 물 1/2큰술

1 템페와 두부를 주걱이나 포크로 으깨듯 작게 부숩니다.

2 간장 소스 재료를 모두 계량해 섞어둡니다. 템페 두부 고추장 볶음 양념
의 재료도 미리 모두 계량하여 섞어둡니다.

3 달군 팬에 기름을 두르고 으깬 템페와 두부를 수분이 날아가 노릇하게 볶
아주세요. 볶은 템페와 두부의 절반에는 미리 만들어 놓은 간장 소스를
부어 국물이 남지 않게 볶습니다. 나머지 절반에도 고추장 양념을 넣고
약불에 볶아주세요.

4 간장 양념에 볶은 속 재료에는 마요네즈와 식초, 다진 케이퍼, 케이퍼 국
물을 넣고 잘 섞습니다.

5 밥에 참기름과 소금으로 간을 살짝 해주세요. 주걱으로 밥알이 부서지지
않도록 자르듯이 섞어주세요.

6 밥을 반주먹 정도 손에 넓게 펼치고 가운데에 속 재료를 1큰술 얹은 뒤
밥을 위에 더 얹어 재료가 감싸지도록 뭉칩니다.

7 꼭꼭 눌러서 주먹밥의 모양을 잡고 김밥용 김 1/4장으로 감싸 완성합
니다.

> 속 재료는 간을 약간 짭짤하게 해야 밥과 뭉쳐서 먹었을 때 간이 딱 맞아
요. 싱겁게 먹고 싶다면 양념의 비율은 그대로 해서 만들고, 대신 볶을 때
넣는 양을 줄여주세요.

> 양념 재료에 스모크액 1/4작은술을 첨가하면 훈제향이 나서 더 맛이 있
어요.

달래장 연두부밥

밥 한 끼 든든하게 먹고 집을 나서고 싶은데 여유가 없을 땐 불을 쓰는 요리를 하는 게 부담스러울 때도 있어요. 이 달래장 연두부밥은 같이 사는 친구가 알려준 레시피인데요. 두부와 채소를 곁들여 한 그릇 넉넉하게 먹을 수 있으면서도 조리법은 간단해서 자주 먹는 음식이에요. 달래가 나오는 시기에는 달래장을 만들어 밥에 슥슥 비벼 먹으면 입안을 가득 채우는 향긋함에 미소 짓게 돼요.

양념장을 만들 땐 계절을 느낄 수 있는 제철 재료를 더하면 좋아요. 달래를 구하기 어렵거나 있는 재료로 간단히 차려내고 싶을 땐 다진 대파나 쪽파를 넣어도 되고 그것마저도 번거롭다면 그냥 생략해도 괜찮아요. 양념장을 만들 때는 매실청을 더해주면 감칠맛이 더 살아나는데 매실청이 없다면 설탕과 식초를 섞어주세요. 여기서 소개해드리는 양념장은 연두부밥뿐만 아니라 여러 가지 음식에 모두 잘 어울린답니다. 영양밥이나 콩나물밥, 전이나 만두에도 잘 어울려서 활용도가 높아요.

주재료
밥 1공기, 연두부 1팩, 상추 3~4장

양념장 재료
달래 50g, 양조간장 100ml, 매실청 50ml(설탕 1+1/2큰술+식초 2큰술로 대체 가능), 참기름 1큰술, 다진 마늘 1큰술, 고춧가루 1큰술, 깨 1큰술

- -

1 달래와 상추 등의 채소를 씻어서 준비합니다. 달래는 뿌리의 껍질을 벗기고 검은 부분을 떼어준 후 물에 흔들어 씻어주세요. 세척한 달래를 물기를 털어 잘게 썰어줍니다.

2 잘게 썬 달래와 양념장 재료를 비율대로 섞어 달래 양념장을 만듭니다.

3 접시에 상추를 한입 크기로 찢어 놓고 밥을 한 접시 담습니다. 그 위에 연두부 한 팩을 뜯어 올리고 양념장을 얹어 완성합니다. 슥슥 비벼 먹으며 양념장을 원하는 만큼 추가해주세요.

청경채 볶음밥

냉장고 속 남은 채소나 재료들을 간단히 처리하는 방법은 뭐니 뭐니해도 볶음밥인 것 같아요. 기름에 볶은 요리는 간만 잘 맞추면 실패할 확률도 적답니다. 여러 가지 채소를 다져 넣고 만든 볶음밥도 좋지만, 청경채 하나만 풍성하게 넣어서 만든 이 볶음밥은 생각보다 더 매력적이에요. 언젠가 SNS상에서 유행처럼 번진 레시피였는데 저는 기본 레시피에 두부를 추가해서 만들어보았어요. 두부를 넣으니 식감과 포만감이 더해져 더 좋았답니다.

청경채를 식물성 기름에 볶으면 특유의 향이 나타나면서 풍미가 생겨요. 한 친구는 볶음밥 맛을 보더니, '중국집 메뉴판 맨 아래에 적혀있어서 눈에 잘 띄지 않지만, 어쩌다 한번 먹어본 사람은 계속 찾게 되는 그런 음식 같다'는 말을 했어요. 휘리릭 만들 수 있고, 다른 음식이나 반찬과 곁들여서 먹어도 좋고, 도시락 메뉴로도 좋은 만능 메뉴랍니다.

필요한 도구

프라이팬

주재료

청경채 2~3개, 두부 80g, 다진 마늘 1작은술, 밥 1공기

양념 및 조미 재료

식물성 기름 2큰술, 연두 1큰술(국간장 1/2큰술로 대체 가능), 소금 1꼬집,
후추 약간

- · - · - · - · - · - · - · - · - · - · - · - · - · - · - · - · - · - · - · -

1   청경채를 찬물에 씻습니다. 두부는 납작한 접시를 위에 올려 미리 물기를
    빼주면 좋아요. ·

2   청경채를 작게 다지고, 두부는 작게 깍뚝썰기 합니다.

3   달군 팬에 식물성 기름을 두르고 두부를 먼저 노릇노릇하게 구워줍니다.
    두부가 좀 단단해지면 다진 청경채와 다진 마늘, 소금 1꼬집을 뿌려 볶습
    니다.

4   청경채가 잘 볶아지면, 밥을 넣고 재료들과 잘 섞어가며 볶습니다.

5   후추와 연두를 넣고 간을 맞춥니다. 밥알이 잘 풀어지고 양념이 골고루
    섞이면 완성입니다.

>   볶음밥을 고슬고슬하게 만들려면 밥을 넣기 전에 채소들을 충분히 잘
    볶아 수분을 날려주는 것이 포인트입니다.

낫토 라이스

언젠가 전 직장 동료들과의 저녁 식사 자리에 초대 받았고, 저는 그 모임의 유일한 비건이었어요. 비건을 지향하기로 마음 먹은 뒤로는 다수의 인원이 모이는 식사 모임에 참석하는 것에 망설임이 있었어요. 그날의 자리는 비건에 대한 이해와 배려가 있는 사람들의 모임이었기에 걱정을 떨치고 참석할 수 있었지요. 한 테이블의 아담한 술집에서 직접 요리하시는 사장님은 다양한 음식을 한 가지씩 차례로 내어주셨고, 비건 음식과 비건이 아닌 음식이 모인 한 상이 차려졌어요. 그날 정말 맛있게 먹고나서 계속 생각났던 음식이 구운 채소를 올린 낫토 소면이었어요.

그날의 인상적이었던 음식을 떠올리며 낫토 라이스와 낫토 소면을 만들어 보았는데요. 고소한 낫토에 시원한 토마토와 양파, 아보카도를 곁들이니, 오키나와의 타코 라이스가 떠오르는 여름의 맛이에요. 간단하게 만들어 먹을 수 있으니 더 좋고요. 아보카도는 오이로 대체 가능하고, 버섯볶음이나 가지, 파프리카 구이, 마 등 다양한 채소를 곁들일 수 있어요.

주재료

낫토 1팩, 밥 1공기, 아보카도 1/2개, 토마토 1/2개, 적양파 1/6개, 쪽파 약간•, 간장 1/2큰술, 연겨자 1/2큰술

양념장

양조간장 2큰술, 매실청 1큰술(아가베 시럽 1/2 큰술+식초 2작은술로 대체 가능), 다진 마늘 1/2작은술, 깨소금 1작은술•

- · -

1 냉동 낫토는 하루 전이나 몇 시간 전에 미리 냉장고에 넣어 해동해둡니다. 먹기 전에 꺼내 연겨자와 간장을 넣고 실이 많이 생기도록 저어주세요.

2 토마토는 물기가 많은 씨 부분을 빼내고 과육을 사각형 모양으로 썰어주세요. 잘 익은 아보카도도 반으로 잘라 씨를 빼고 칼집을 내어 숟가락으로 파내듯이 껍질과 분리합니다. 양파도 사각형으로 썰고, 쪽파가 있다면 푸른 부분을 작게 잘라 장식할 때 씁니다.

3 접시에 밥을 담고 손질한 채소들을 차례로 얹은 뒤 가운데에 잘 비빈 낫토를 얹습니다.

4 만들어놓은 양념장을 골고루 뿌려 완성합니다. 양념장은 한 번에 모두 뿌리지 말고, 절반 정도 뿌린 뒤 선호하는 간에 맞춰 양을 조절하세요.

> 시판 낫토에 동봉된 간장 소스에는 가츠오부시가 첨가되어 있는 경우가 많아서 확인이 필요해요. 저는 보통 집간장을 사용한답니다.

> 밥 대신 소면을 넣을 경우, 소면을 삶아 찬물에 씻은 뒤 물기를 잘 털어낸 후, 양념장을 2~3큰술 정도 넣고 잘 비벼주세요. 접시에 비빈 소면을 담고 채소와 낫토를 위에 얹은 뒤 양념장을 더 추가해 간을 맞춰가며 비벼 먹으면 됩니다.

> 엑스트라 버진 올리브유, 레몬즙, 레몬 제스트를 약간 추가하면 더욱 신선한 맛을 느낄 수 있어요.

양배추 쌈밥

다양한 채소의 맛에 눈을 뜨게 된 후, 자주 활용하고 좋아하는 채소도 생겼어요. 특히 때를 가리지 않고 구할 수 있는 양배추는 다양한 음식에 여기저기 감초처럼 등장해서 없으면 허전하기까지 한 채소예요. 콩가스를 튀겨 먹을 때면 가느다랗게 채 썬 양배추 샐러드가 짝꿍처럼 곁들여져야 하고, 비건 오코노미야키를 만들 때도 꼭 필요해요. 떡볶이에도 양배추를 넣으면 부드러운 달달함이 더해지지요. 코울슬로, 양배추 절임, 양배추 구이, 양배추 쌈밥 등 돌이켜 보니 양배추가 등장하는 요리가 참 많아요.

이 양배추 쌈밥은 양배추를 손질하고 익히는 게 번거로워 보일지 몰라도 은근히 쉽게 만들 수 있어 추천하는 레시피예요. 양배추는 찜기에 5분, 전자레인지에 4분 정도만 익히면 되고요. 보통 양배추 쌈에 밥과 쌈장을 얹어서 먹는 경우가 많은데 이 쌈밥은 밥을 미리 쌈장 양념과 비벼서 싸는 게 포인트예요. 저는 양념장에 병아리콩 통조림을 으깨서 같이 비볐는데 두부나 나물 반찬을 같이 넣어도 좋아요. 비건 김치나 장아찌를 곁들여 도시락으로 싸기에도 좋은 메뉴예요.

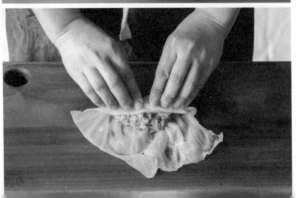

필요한 도구

냄비와 찜기 or 전자레인지용 찜기

양념장

양배추 7~8장, 밥 1공기, 쌈장 1+1/2큰술, 참기름 1/2큰술, 다진 파 1큰술, 깨소금 1작은술, 병아리콩 통조림 or 익힌 병아리콩 2큰술

─ ∙ ─ ∙ ─ ∙ ─ ∙ ─ ∙ ─ ∙ ─ ∙ ─ ∙ ─ ∙ ─ ∙ ─ ∙ ─ ∙ ─ ∙ ─ ∙ ─ ∙ ─ ∙ ─ ∙ ─ ∙ ─ ∙ ─

1 양배추를 한 장씩 뜯어서 베이킹소다와 식초를 탄 물에 깨끗이 씻어주세요. 병아리콩 통조림을 2큰술 정도 스푼이나 포크로 으깨줍니다.

2 찜기의 물이 끓으면 양배추를 넣고 5분간 찝니다. 혹은 전자레인지용 찜기에 물 약간과 함께 담고 뚜껑을 덮어 4분간 익힙니다.

3 양배추가 익는 동안 밥을 넓은 접시에 덜어 쌈장, 참기름, 다진 파, 깨소금, 으깬 병아리콩과 함께 잘 섞어줍니다. 간을 보면서 쌈장이나 소금을 추가해주세요.

4 양배추가 익으면 찬물에 바로 씻어 체에 잠시 밭쳐 물기가 빠지도록 둡니다. 양배추 잎을 펼쳐서 양념한 밥을 넣고 돌돌 말아 쌈밥을 만들어줍니다.

Chapter 2

후루룩 챙기는 하루,
다국적 면 요리

토마토 소스 파스타 | 채소 오일 파스타 | 참나물 페스토 파스타 | 레드 커리 두유 크림 파스타 | 유부 우동 | 야키우동 | 히야시츄카(냉라멘) | 된장 잔치국수 | 김치말이 국수 | 병아리콩 콩국수

Just Cook Vegan!

토마토 소스 파스타

저는 예전부터 시중에서 판매하는 토마토 소스를 별로 좋아하지 않았어요. 식당에서도 토마토 소스 파스타만은 피하곤 했죠. 그러다 이탈리안 레스토랑에서 일하면서 제대로 끓인 토마토 소스를 접하게 됐는데 지금껏 알았던 것과는 다른 신선하고 풍부한 맛에 그만 푹 빠지게 되었습니다. 종종 그곳을 찾게 되면 기본 토마토 소스 파스타를 비건으로 부탁드려 한 그릇 든든하게 비우고 돌아온답니다.

아주 가끔 집에서 토마토 소스를 끓일 때도 있어요. 이탈리안 홀 토마토 캔과 큼직하게 자른 토마토를 잘 볶은 양파, 허브들과 함께 뭉근히 오래 끓이면 진하고 신선한 맛의 토마토 소스가 완성됩니다. 역시 음식은 정성이라고, 시간과 노력을 들여 만든 소스는 그만큼 깊은 맛을 내지요. 하지만 편리함이 취향을 이긴다고, 바쁜 일상 속에서 조금 더 간편하게 즐기고 싶을 때는 역시 시판 토마토 소스를 쓰게 되더라고요. 대신 채소 등 다른 재료들을 추가해 맛을 더하는데요. 채소를 정성들여 볶기만 해도 맛있는 토마토 소스 파스타를 먹을 수 있어요. 여기에 케이퍼, 올리브, 선드라이 토마토 등의 짭조름하고 감칠맛 강한 재료들을 추가해 치즈의 빈자리를 채워주세요.

필요한 도구
프라이팬, 냄비

주재료
시판 식물성 토마토 소스 200g, 방울토마토 5~6개, 양파 1/6개, 마늘 3알,
대파 5cm, 버섯 1줌, 케이퍼 1큰술, 블랙올리브 4개, 굵은소금 1큰술
설탕 1작은술, 스파게티 90g, 파슬리 약간*, 뉴트리셔널 이스트 1큰술*

토핑 재료
가지 1/2개, 비건 치즈가루 (p.323 참고) or 캐슈넛, 건파슬리 or 생파슬리

1. 각종 채소를 손질해주세요. 방울토마토는 반으로 자르고, 양파와 대파는 잘게 썰고, 마늘은 편으로 썰어주세요. 양송이 등 원하는 버섯은 편으로 썰거나 손으로 찢어 손질합니다. 케이퍼는 다지고, 블랙올리브와 가지는 얇게 슬라이스해주세요.

2. 팬에 식물성 기름을 넉넉히 두르고 가지를 튀기듯이 구워 건져냅니다. 팬에 남아 있는 기름에 양파와 대파, 마늘을 넣고 볶습니다. 마늘이 노릇해지면 다른 재료들을 넣고 같이 잘 볶습니다. 소금과 후추를 뿌려주세요.

3. 채소가 잘 볶아지면 토마토 소스를 붓고 재료의 맛이 어우러지도록 약불에 끓입니다.

4. 소스가 끓여지는 동안 면을 익힙니다. 냄비에 소금 1큰술을 넣고 끓여 파스타면을 삶습니다.

5. 면이 익는 동안 소스가 건조해졌다 싶으면 계속 면수나 물을 조금씩 추가해주세요. 설탕 1작은술, 소금을 넣어 간을 맞춥니다. 후추, 파슬리, 뉴트리셔널 이스트 등을 더해도 좋습니다. 맛이 조금 부족하다 느껴질 때는 진간장 1작은술 혹은 연두를 1작은술 추가합니다.

6. 촉촉한 상태의 소스에 다 익은 면을 건져 넣고 센 불에 빠르게 볶아줍니다. 어느 정도 섞이면 불을 끄고 엑스트라 버진 올리브유를 한 바퀴 두르듯 뿌려 잘 섞어줍니다.

7. 접시에 파스타를 덜고 튀겨 놓았던 가지를 얹고 비건 치즈가루를 뿌려줍니다. 비건 치즈가루가 없다면 약간의 견과류를 치즈 그라인더에 갈아 뿌려줍니다.

> 매운맛을 좋아하면 페페론치노를, 부드러운 맛을 좋아하면 비건 리코타 치즈(p.326)를 곁들이면 한단계 업그레이드된 맛의 파스타를 즐길 수 있어요.

> 파스타면은 다른 종류의 면에 비해 금방 불지는 않지만, 빠르게 조리할 자신이 없다면 프라이팬에 소스와 볶는 동안에도 파스타면이 더 익을 수 있기 때문에 30초에서 1분 정도 더 빨리 건져도 괜찮아요.

채소 오일
파스타

요리를 모를 때 가장 만만하게 봤던 파스타가 알리오 올리오였
어요. 비건이 아니었을 때는 마지막에 치즈만 듬뿍 뿌리면 어쨌
든 맛이 있을 거라 생각했거든요. 나중에 이탈리안 레스토랑에서
일하게 되었을 때 너무 기름지거나 마르지 않은 적당히 촉촉한
파스타를 만들려면 수분과 불 조절이 중요하다는 것을 알게 되
었죠. 그때의 기억을 떠올리며 종종 냉장고를 털어 남은 채소로
오일 파스타를 해 먹어요.

오일 파스타를 만드는 과정은 앞서 만든 토마토 소스 파스타와
크게 다르지 않습니다. 팬에 오일을 좀 더 넉넉하게 준비해서 재
료들을 잘 볶은 뒤 거기에 면수나 채수를 추가해 오일 소스를 만
들어 면과 섞습니다. 마늘을 기본으로, 넣고 싶은 채소들을 추가
하고 케이퍼나 올리브, 선드라이 토마토, 페페론치노, 할라페뇨
중 가지고 있는 재료로 감칠맛을 채워줍니다. 마지막에 루콜라나
시금치, 참나물 등의 초록 허브를 넣어 살짝 볶아내는 것도 좋고,
허브 빵가루를 만들어 놓았다가 완성된 오일 파스타 위에 뿌려
먹어도 정말 맛있어요.

필요한 도구

프라이팬, 냄비

주재료

버섯 1줌, 마늘 7~8개, 파프리카 1/4개, 방울토마토 5개, 올리브 5개,
식물성 기름. 다진 할라페뇨 2큰술, 국간장 1작은술, 소금 후추 약간, 링귀네 90g,
굵은소금 1큰술, 루콜라, 고추기름 or 엑스트라 버진 올리브유 약간, 파슬리

토핑 재료

비건 치즈가루(p.323 참고), 루콜라*, 허브 빵가루(p.336 참고)*

1 채소를 세척하고 손질합니다. 버섯은 결대로 찢어주고, 마늘은 편으로 썹니다. 파프리카는 길쭉한 모양으로, 방울토마토는 반으로 자르고 올리브도 슬라이스합니다. 루콜라, 참나물 등 허브를 넣으려면 미리 씻어 체에 밭쳐 물기를 제거해둡니다.

2 팬에 포도씨유 등의 식물성 기름을 넉넉히 두르고 마늘을 넣고 중약불에 천천히 익힙니다. 마늘이 노릇노릇하게 익으면 나머지 채소들을 넣고 소금 간을 해가며 잘 볶습니다. 이때 할라페뇨를 다져 절반만 넣고, 나머지는 마무리할 때 넣기 위해 남겨둡니다.

3 냄비에 소금 1큰술을 넣고 끓여 파스타면을 삶습니다.

4 채소를 볶던 팬에 면수를 한 국자 부은 뒤 중약불에 끓여 오일 소스를 만듭니다. 오일과 물이 섞여서 잘 끓여져야 촉촉한 오일 파스타가 됩니다. 소금으로 소스의 간을 맞춥니다.

5 면이 다 익으면 건져서 팬에 넣고, 남은 할라페뇨를 넣은 뒤 잘 섞습니다. 면을 한두가닥 꺼내 맛을 보고 간이 모자라면 국간장 약간을 넣고, 소금 후추로 간을 다시 맞춥니다. 간을 보는 도중 소스가 마르면 면수나 물을 조금 더 넣고 촉촉한 상태로 센 불에 볶습니다.

6 마지막에 루콜라를 넣고 살짝 볶아준 다음, 불을 끄고 고추기름 또는 엑스트라 버진 올리브유를 살짝 뿌린 뒤 접시에 담고 허브 빵가루나 비건 치즈가루, 파슬리를 뿌려 마무리합니다.

> 허브 빵가루를 뿌리면 아작아작 씹히는 식감과 고소하고 짭조름한 맛이 조화를 이룹니다.

> 마늘을 볶을 때 불이 세면 금방 탈 수 있으니 조심하세요. 시간을 들여 약불에서 천천히 볶으면 마늘 맛이 더 잘 배어 나옵니다.

참나물 페스토
파스타

여름은 싱그러운 초록빛이 가득한 계절이에요. 그래서인지 저는 여름이 되면 페스토 파스타를 자주 찾는데요. 초록초록한 색깔 때문에 비건일 것 같지만, 페스토를 만들 때 치즈를 갈아 넣는 경우가 많아요. 그래서 직접 비건 페스토를 만들게 되었어요. 바질 페스토를 가장 좋아하지만, 좀 더 쉽게 구할 수 있는 재료를 찾다 보니 참나물이 낙점되었답니다. 바질 페스토는 취향이 아니라던 친구도 참나물의 고소한 맛과 향에 반해 이 소스에는 열광하더 라고요. 참나물 외에도 냉이나 달래, 시금치, 브로콜리, 고수, 깻 잎 등 비교적 구하기 쉬운 초록빛 채소들을 활용해서 만들 수 있 어요.

삶은 면을 건져 바로 따뜻하게 비벼 먹어도 되고, 차가운 물에 면 을 헹군 뒤, 소스에 비벼서 콜드 파스타로 만들어 먹어도 좋아요. 저는 따뜻한 버전으로 만들어 봤는데요. 부드러운 맛을 내기 위 해 식물성 마요네즈를 반 스푼 정도 넣어 함께 비벼주었어요. 페 스토는 한번 만들어 놓으면 냉장고에 일주일에서 열흘 정도 두 고 먹을 수 있어요. 빵이나 크래커에 곁들이거나 샌드위치를 만 들 때 발라줘도 좋고, 익힌 감자나 샐러드 등 채소에 버무려도 잘 어울려요. 두유를 넣어 만드는 크리미한 리소토나 볶음밥에 한두 스푼 추가해 비벼줘도 정말 맛있답니다. 여러모로 요긴하게 활용 하는 만능 소스라 작은 용기에 담아 지인들에게 종종 선물하기 도 해요.

필요한 도구

팬, 믹서기 or 핸드블렌더, 냄비, 볼

참나물 페스토 재료

참나물 100g, 포도씨유 등 향이 강하지 않은 식물성 기름 160g, 마늘 2알,
잣 or 아몬드 3큰술, 케이퍼 1+1/2큰술, 뉴트리셔널 이스트 1+1/2큰술*,
레몬즙 2큰술, 소금 1~1+1/2작은술, 아가베 시럽 1작은술

파스타 재료

방울토마토 4~5개, 감자 1/4개, 파프리카 1/4개*, 참나물 페스토 2큰술,
식물성 마요네즈 1작은술, 엑스트라 버진 올리브유, 굵은소금 1큰술,
페투치니 90g

- -

1 채소를 세척하고 손질합니다. 참나물은 억세고 두꺼운 줄기만 쳐내고
물에 잘 씻어 물기를 털어냅니다. 방울토마토는 반으로 자르고, 감자는
1cm 두께의 막대 모양으로 자릅니다. 파프리카는 길쭉하게 잘라주세요.

2 잣이나 아몬드를 기름을 두르지 않은 팬에 볶습니다. 견과류 자체에서 기
름이 빠져나와 약간 노르스름하게 색이 날 때까지 볶습니다.

3 참나물과 잣을 비롯한 페스토 재료들을 믹서에 계량해 넣고 곱게 갈아줍
니다.

4 냄비에 소금 1큰술을 넣고 끓여 파스타면을 삶습니다. 저는 페투치니 면
을 사용했어요. 각자 사용하는 면에 맞추어 조리합니다. 면을 넣을 때 감
자를 함께 넣어 삶아주세요. 면과 감자가 익는 동안 볼에 페스토 2큰술과
식물성 마요네즈 1작은술, 방울토마토와 파프리카를 넣어 둡니다.

5 면이 다 익으면 준비해둔 소스와 채소가 든 볼에 면을 건져 담고 잘 비빕
니다. 간을 보고 모자라다 싶으면 소금이나 페스토를 더해주세요. 접시
에 담은 뒤 남은 잣을 뿌리고, 올리브유를 한 바퀴 두르듯 뿌리면 완성입
니다.

레드 커리 두유 크림 파스타

이 파스타는 모 패밀리 레스토랑의 대표 메뉴인 투움바 파스타를 따라해본 거예요. 넓은 면에 진하고 꼬릿하면서 매콤하고 짭짤한 크림소스를 비벼낸 파스타. 자극적인 맛에 자꾸만 손이 가던 그 투움바 파스타를 생각하면서 만들어보았는데요. 비주얼은 비슷하지만, 맛은 전혀 달라요. 대신 이 레드 커리 두유 크림 파스타만의 매력이 따로 있답니다. 보통 태국 레드 커리를 만들 때 코코넛밀크를 많이 쓰는데요. 이 레드 커리 소스는 두유를 사용해서 부드러운 맛이 특징이에요. 소스는 밥에 끼얹어 먹어도 되고 태국식이라 고수와도 무척 잘 어울리지요.

레드 커리 페이스트는 한 번 사놓으면 냉장고에 오래 두고 먹을 수 있어서 제 냉장고 안에는 거의 상주하는 소스 중 하나예요. 이 레드 커리 두유 크림 파스타는 페이스트와 파스타면, 두유만 있으면 만들 수 있기 때문에 특별한 재료가 없을 때 의지하게 되는 마지막 보루와 같은 메뉴이기도 해요. 이제 투움바 파스타를 먹은 지도 너무 오래되어서 그 맛이 기억 속 깊은 곳에 흐릿하게만 남아 있네요. 그래서인지 그때의 맛을 떠올리며 재현해보려 할 때마다 항상 기억과는 다른 아예 새로운 음식을 만나게 돼요. 그렇게 예상과 다른 새로운 맛을 만나는 즐거움에 저는 계속 새로운 것을 시도해보게 된답니다.

필요한 도구

프라이팬, 냄비

주재료

대파 흰 부분 5cm, 양파 1/6개, 마늘 3개, 파프리카 1/4개, 양송이버섯 2개,
느타리버섯 1줌(원하는 버섯으로 사용), 식물성 기름 1큰술, 굵은소금 1큰술,
링귀네 or 페투치니 90g, 파슬리 혹은 쪽파, 고수(장식용)*

소스 재료

레드 커리 페이스트 1/2큰술, 식물성 기름 1큰술, 두유 1컵, 간장 1큰술,
설탕 1작은술, 뉴트리셔널 이스트 1큰술, 식초 or 레몬즙 약간, 소금, 후추 약간

1 채소를 세척하고 손질합니다. 대파는 다지고 양파는 작게 썰고, 마늘은 편으로 썰어주세요. 양송이버섯이나 표고버섯은 슬라이스하고 느타리버섯은 큰 것만 손으로 찢고, 파프리카는 가늘게 썰어줍니다.

2 팬에 식물성 기름을 1큰술 두르고 양파와 대파, 마늘을 먼저 볶습니다. 마늘이 노릇노릇해지면 버섯을 넣고 볶다가 파프리카를 넣습니다. 소금과 후추를 조금씩 뿌려주세요.

3 채소가 잘 볶아지면 불을 줄이고 팬 가장자리로 옮긴 뒤 레드 커리 페이스트 1/2큰술을 팬 가운데 넣고 식물성 기름 1큰술을 추가해 중약불에 달달 볶습니다. 레드 커리의 향신료 향이 훅 올라오면 잘 볶이고 있다는 신호입니다. 어느 정도 볶아지면 두유를 부어줍니다.

4 냄비에 소금 1큰술을 넣고 파스타면을 삶습니다. 면이 삶아지는 동안 팬에 만든 소스를 약불에 끓입니다. 간장, 설탕, 뉴트리셔널 이스트를 넣고 간을 맞추세요. 소스가 너무 졸아들면 면수나 물, 두유를 조금씩 추가해주세요.

5 삶은 면을 건져 소스에 넣고 잘 섞습니다. 불을 끄고 마지막에 식초나 레몬즙을 아주 조금만 뿌려 섞은 뒤 접시에 담습니다. 식초나 레몬즙을 너무 빨리 넣으면 두유가 몽글몽글하게 덩어리져서 소스가 거칠어질 수 있어요.

> 레드 커리를 비롯한 그린 커리, 옐로 커리 같은 태국 커리 페이스트는 이국적인 음식을 간편하게 만들 수 있어 냉장고에 쟁여두기 좋은 식재료로 추천해요.

> 커리 페이스트에 새우 등의 동물성 성분이 포함되는 경우도 있으니 식물성인지 확인하여 구매합니다.

유부 우동

축축하고 습해서 괜히 스산한 날이나 전날에 술을 한잔해서 해장이 필요한 날에는 뭔가 너무 먹고 싶은데 그게 뭔지 모르겠다 싶을 때가 있어요. 사실 국물이 당길 때거든요. 채소만으로 국물을 내는 음식점을 찾기 어렵다 보니 국물 음식을 좋아하는 일명 '국물 비건'은 갈 곳을 잃은 채, '뭘 먹고 싶은지 모르겠어.'라고 생각해버리는 거죠. 해장이 절실할 땐 채식 라면을 끓여 땀을 한 바가지 흘리고 이겨낼 때도 있지만, 라면으론 뭔가 부족한 날이 있어요.

저는 그런 때 따뜻한 국물과 통통한 면발이 일품인 우동이 유독 생각나요. 분식집에서 흔하게 볼 수 있는 메뉴지만, 가츠오부시나 멸치 등의 동물성 재료를 사용해 국물을 내는 곳이 대부분이라 사 먹지 않게 되니 먹고 싶은 마음이 더 간절해지더라고요. 그래서 다시마와 채소를 넣고 비건 쯔유 국물을 끓여보았는데 의외로 아주 간단하게 만들 수 있었답니다. 쑥갓, 팽이버섯, 유부를 곁들이면 간단하고도 그럴싸한 우동이 완성됩니다. 유부 대신 두부를 바싹 구워 올리기도 하고요, 시원한 맛을 극대화하고 싶을 때는 배추나 무를 국물에 넣어 같이 끓여요. 칼칼한 맛을 내고 싶다면 청양고추를 추가해주세요.

필요한 도구
냄비

주재료
느타리버섯 1줌, 팽이버섯 1/5팩, 유부 3~4개, 청양고추 1/2개, 쑥갓 1줌,
우동면 1인분

국물 재료
대파 1/2 줄기, 표고버섯 1개, 다시마 3조각, 양조간장 4큰술, 미림 2큰술,
설탕 1/2큰술, 물 250~300ml

- -

1 대파는 흰 부분과 초록색 부분을 섞어 어슷썰기합니다. 표고버섯은 생표
고버섯일 경우 슬라이스하고, 말린 표고버섯의 경우 그대로 씁니다. 원하
는 버섯을 취향에 따라 준비하고 청양고추는 어슷썰기합니다. 쑥갓은 미
리 씻어둡니다.

2 냄비에 간장을 비롯한 양념류를 먼저 넣고 대파와 표고버섯, 다시마를 넣
고 바르르 끓입니다. 끓어오르면 불을 약하게 줄여 뭉근히 10~15분 정
도 끓입니다. 간을 봐서 물이나 간장 혹은 소금을 추가합니다.

3 국물이 완성되면 우동면과 유부, 느타리버섯을 넣고 2~3분 끓입니다. 다
시마는 건져내고 취향에 따라 청양고추를 추가해주세요. 마지막에 쑥갓
과 팽이버섯을 더해 완성합니다.

> 일본 음식점에 가면 있는 시치미라는 양념을 우동에 뿌려 먹어도 맛있어
요. 고춧가루를 추가해도 좋고요.

> 이 국물을 응용해 비건 어묵을 사서 어묵 우동이나 어묵탕을 만들어 먹어
도 맛있어요. 어묵탕을 만든다면 큼직한 무를 꼭 함께 넣고 끓여주세요!

야키우동

날씨에 따라 유독 생각나는 음식이 있지 않나요? 저는 음식을 맛있게 먹었던 그날의 기억에 영향을 많이 받는 것 같아요. 비슷한 상황에서 그 음식을 먹으면 그때 그 순간처럼 다시 맛있게 느껴지곤 해요. 바질 페스토 파스타는 햇빛이 강렬한 여름날의 맛, 유부 우동은 흐리고 축축한 날의 맛, 그리고 야키우동은 무덥고 습한 날의 맛이에요. 점심시간이 막 지난 오후, 길을 걷다 더위에 지쳐 들어간 작은 가게에서 차가운 미니 생맥주 한 잔과 함께 야키우동을 맛있게 먹은 기억이 있거든요.

꿉꿉했던 어느 날, 늦은 오후에 냉장고를 열어보니 양배추와 버섯, 우동 면사리가 눈에 띄었어요. '야키우동을 한번 만들어볼까.' 싶어 데리야키 소스 만드는 법을 검색하니 식물성으로 만들 수가 있었어요. 가츠오부시를 넣어 졸일 거라 생각했는데 정통 레시피는 어떨지 잘 모르겠지만, 대중적 레시피에는 사용하지 않더라고요. 그렇게 만들어낸 야키우동은 날이 푸근한 오후에 맥주 한잔 곁들여 먹기 딱 좋은 음식이었어요. 데리야키 소스는 한번 만들어 놓으면 여기저기 사용하기 좋은 소스인데요. 우동면이 없을 때 라면사리로 볶음 라면을 만들어도 좋고, 양배추나 버섯을 잘게 썰어 데리야키 볶음밥을 만들어도 맛있어요. 밥 반찬이 없을 때는 냉장고 속 채소들을 데리야키 소스에 볶아 간단하게 반찬을 만들 수도 있지요. 비건 데리야키 소스를 판매하는 인터넷 사이트도 있으니 참고해주세요.

필요한 도구
프라이팬, 냄비, 체

주재료
우동면 1인분, 양배추 100g, 당근 약간, 표고버섯 1개, 새송이버섯 1/2개,
양파 1/6개, 대파 5cm, 마늘 3개, 쪽파 약간, 식물성 마요네즈,
파래가루 or 김가루, 식물성 기름 1~2큰술

데리야키 소스 재료
양조간장 5큰술, 미림 4큰술, 설탕 2큰술, 물엿 1큰술(설탕 1큰술로 대체 가능),
마늘 2개, 양파 1/4개, 대파 5cm•, 생강 한 조각(1cm) or 생강가루,
다시마 3조각, 말린 표고 or 생표고버섯 1개, 후추, 물 2큰술

- -

1 양배추는 썰어서 식초를 몇 방울 떨어뜨린 물에 잠시 담가놓았다가 흐르
는 물에 씻어 체에 받쳐둡니다. 양파, 대파, 마늘은 슬라이스하고 당근, 버
섯은 가늘게 썰어주세요.

2 우동면은 끓는 물에 넣어 면이 잘 풀어질 정도로만 2분 정도 삶아 체에
건져 찬물로 씻어놓습니다.

3 팬에 식물성 기름을 두르고 양파와 대파, 마늘을 넣고 볶다가 마늘이 노
릇노릇해지면 다른 채소들을 넣고 볶습니다. 소금, 후추를 조금만 뿌려
잘 볶다가 삶아놓은 면과 데리야키 소스 2~3큰술과 스리라차 소스를 넣
고 잘 섞습니다.

4 야키우동을 접시에 덜고 식물성 마요네즈를 골고루 뿌린 뒤 파래가루 혹
은 김가루와 잘게 썬 대파, 쪽파를 얹어 완성합니다.

〉 스리라차 소스를 넣으면 더 맛있지만, 혹 매운맛을 별로 좋아하지 않으면
빼주세요. 시판 스리라차 소스 중에 탄화골분이 포함되어 있는 것도 있으
니 유의하세요.

히야시츄카
(냉라멘)

차가운 중화풍 라멘을 뜻하는 일본 음식인 히야시츄카는 오래 전 자주 가던 라멘집에서 처음 접했어요. 살얼음이 덮여 있는 새콤달콤 짭짤한 맛의 국물 속에 자작하게 잠겨 있는 꼬들꼬들한 라멘과 토핑을 함께 먹는 그 음식이 어쩌나 맛있었던지 여름만 되면 그 히야시츄카를 그리워하곤 했죠. 그 라멘집은 한참 전에 없어졌지만, 제 기억 속엔 여름을 시작하는 음식으로 계속 남아 있었기에 '여름의 맛'이라는 주제로 비건 팝업식당을 열어 히야시츄카와 오코노미야키를 판매한 적도 있어요.

취향에 따라 다양한 채소들을 고명으로 얹으면 되는데 그 색이 알록달록 예뻐서 레인보우 라멘이라고 별칭을 지어줬어요. 기본적으로 시원한 생채소를 채 썰어 얹되, 유부나 두부, 버섯 등은 구워서 곁들여주면 고소하고 맛있어요. 요즘은 비건 어묵이나 햄도 잘 나오니 그런 시판 제품들을 이용하는 것도 좋겠네요. 평소 좋아하던 음식을 비건으로도 거의 다 재현할 수 있는데 그런 음식을 제공하는 전문가나 레스토랑이 적다 보니 예전에 외식하며 느끼던 맛의 즐거움을 잊고 지내는 비건 지향인 분들도 많을 거란 생각을 했었어요. 그때 팝업 레스토랑에서 히야시츄카를 처음 접해 맛있게 드셨던 분들도 여름이 되면 그날의 히야시츄카를 떠올려 주시지 않을까요? 이 음식이 더 많은 누군가에게 즐거운 여름의 기억으로 남으면 좋겠네요.

1인분 기준

필요한 도구

프라이팬, 냄비, 체

주재료

생라멘면 1인분, 토마토 1/4개, 당근 3cm, 단무지 3cm, 오이 6cm, 두부 50g,
유부 2조각, 새송이버섯 1/2개, 어린잎 채소 1줌, 노란 연겨자 약간

소스 재료

간장 2큰술, 식초 1+1/2큰술, 맛술 1/2큰술, 설탕 1+1/2큰술, 물 1큰술,
참기름 1큰술, 이금기 칠리오일 1작은술((p.032 참고) 라유나 고추기름
1/2큰술로 대체 가능), 레몬즙 1/2작은술, 생강즙 1/2작은술 or 생강가루 약간

- ·-

1   먼저 소스 재료들을 잘 섞어 냉장고나 냉동고에 넣어 시원하게 해둡니다.
      얼음도 미리 얼려두면 좋아요.

2   각종 채소들을 다양한 색과 식감이 나는 것으로 준비해 길쭉한 모양으로
      고명을 준비합니다. 두부는 노릇하고 바삭하게 팬에 굽고, 조미되지 않은
      유부가 있을 경우 기름에 튀기듯 볶아줍니다. 새송이버섯은 가늘게 썰어
      팬에 볶다가 노릇노릇해지면 간장 약간, 설탕 약간을 넣고 볶아냅니다.
      어린잎 채소는 물에 담가 살살 세척해 건집니다.

3   냄비에 물을 끓여 면을 삶습니다. 삶은 면을 찬물에 잘 씻어 전분기를 씻
      어내고 물기를 털어 접시에 담아주세요.

4   면 위에 알록달록한 고명을 차례로 얹고 마지막에 어린잎 채소를 얹은 뒤
      미리 차갑게 해둔 국물을 자작하게 부어줍니다.

>   달걀이 포함되지 않은 비건 생라멘면을 사용해야 하는데 구할 수 없다면
      도톰한 라면사리를 사용해도 좋아요. 고명은 각자의 취향과 창의성을 더
      해 다양하게 준비해보세요. 저는 가지 튀김, 죽순 절임, 비건 어묵, 비건
      햄, 양배추 등을 얹기도 해요.

된장 잔치국수

사회생활을 하면서 비건으로 살아가기란 아직 쉽지가 않은 게 현실이에요. 예전에 직장 생활을 할 때 비건 지향을 시도했다가 힘겨운 한 달을 보내고 포기한 적이 있었지요. 시간이 조금 더 흘러 다시 비건 지향을 시도했을 때에도 동료들에게 제가 비건이 되기로 했다는 사실을 알리는 것이 많이 고민되었어요. 채식에 대해 비꼬는 말들, 제 결심을 비웃는 말들에 상처받는 것이 두려웠거든요. 다시 비건이 되기로 결심한 시기에는 레스토랑에서 일을 하고 있을 때였고, 일주일에 한두 번 동료들과 식사를 함께 해야 했어요. 소규모 업장이라 셰프님, 동료들과 번갈아가면서 식사를 준비해 같이 나눠먹곤 했는데 비건인 제가 동료들과 함께 식사하려면 모두의 식사를 비건으로 만들어야 했죠. 제가 비건이라고 선언하는 것은 앞으로는 식사를 비건으로 만들어 달라고 요구하는 것처럼 들릴 것 같았어요. 제 결심이 갑작스레 불편함을 더하는 일이 될 것 같아 처음에는 핑계를 대고 식사 자리를 피하기도 했어요. 그러다 계속해서 피하기가 어려워 조심스레 셰프님께 말씀을 드렸는데 우려했던 것과 달리 저와 식사할 때만이라도 다같이 채식으로 먹으면 좋지 않겠냐며 흔쾌히 이야기해주셨어요.

그 당시 만들어주셨던 음식 중에 된장 국물 베이스의 잔치국수는 정말 맛있게 먹고 나서 집에서도 직접 시도해본 메뉴랍니다. 구수한 된장 국물과 김치의 조합, 여기에 고수를 얹었더니 이국적인 느낌의 근사한 국수 요리가 되었어요. 저와 식사를 같이 하면서 레스토랑에 비건 메뉴를 추가하기 위해 셰프님은 연구를 거듭하기도 하셨어요. 그 모습을 지켜보며 한 사람의 변화로 주변에 끼치는 작지만 긍정적인 영향에 대해서도 생각하게 되었습니다.

필요한 도구

프라이팬, 냄비, 체

주재료

양파 1/6개, 애호박 5cm, 당근 4cm, 표고버섯 2개, 비건 김치 2~3큰술, 소면 100g, 식물성 기름 1큰술, 간장, 다진 마늘 약간, 고수 1줌•

국물 재료

된장 1큰술, 간장 1큰술, 설탕 1작은술, 연두 1작은술, 다진 마늘 1작은술, 소금, 후추 약간, 물 500ml, 다시마 3조각, 건표고버섯 or 생표고버섯 1개

--·-

1 고명을 먼저 준비합니다. 애호박을 비롯한 채소들을 길고 가늘게 썰어 팬에 볶아주세요. 소금, 후추를 조금씩 뿌려가며 색이 없는 채소부터 볶아내고(양파, 애호박, 당근, 버섯 순서) 버섯은 볶다가 간장 1작은술, 다진 마늘 약간, 후추 약간과 함께 볶습니다.

2 냄비에 물을 올리고 양념을 계량대로 풀어 된장 국물을 만듭니다. 15분 정도 약불에 끓여 맛이 잘 어우러지게 해주세요. 간이 부족하면 소금을, 짜면 물을 더 넣어 간을 맞춥니다.

3 국물이 준비되는 동안 비건 김치는 작게 썰어주세요.

4 소면을 삶아 건져 면기에 담은 뒤 김치를 비롯한 모든 고명을 차례로 얹고 된장 국물을 부어줍니다. 고수를 듬뿍 얹어 먹어도 정말 맛있어요.

김치말이 국수

저는 비건을 지향하는 친구들과 가까운 이웃으로 살고 있어요. 정말 다행이자 행운인 일이죠. 친구들과 비슷한 시기에 비건 지향을 결심하면서 여러 시행착오도 함께 겪었어요. 비건 가공식품을 이것저것 주문해 먹어 보고 정보를 공유하기도 하고, 비건 김치를 주문해 나눠 먹기도 하면서요. 처음엔 다들 미숙했어요. 비건인 줄 알고 샀던 제품이 비건이 아닌 경우도 있었고, 맛이 별로인 비건 음식을 접하기도 했고요. 그런 시기를 지나오면서 각자 나름대로의 변화를 겪은 것 같아요. 그중 가장 크게 느껴지는 변화는 친구들의 요리 실력이 일취월장했다는 거예요. 비건이라고 해서 모두가 요리를 잘 할 필요도 없고, 그럴 수도 없는 일이지만 어쩐지 다들 맛있는 음식에 대한 욕구와 탐구정신이 높아서 서로 다른 장르의 음식들을 연구해 한 그릇 뚝딱 차려내서 맛있게 나누어 먹는 일이 많아졌어요.

이 김치말이 국수도 어느 늦은 저녁에 친구가 야식으로 해줬던 음식이에요. 비건이 된 이후에는 좋아하던 냉면도 먹지 않게 되었고, 가뜩이나 국물에 목말라 있던 차였는데 친구가 만들어 준 김치말이 국수가 여름이 오기도 전에 제 속에 여름을 가져다 주었어요. 전에는 김치말이 국수를 별로 좋아하지도 않았던 것 같은데 집 나간 입맛이 다시 돌아오고도 남을 정도의 맛이었답니다. 유난히 입맛이 없는 날, 시원하게 한 그릇 말아 즐겨보세요.

1인분 기준

필요한 도구

냄비, 체

주재료

소면 100g, 비건 김치 2~3큰술, 오이 6cm, 참기름 1/2큰술,
설탕 or 아가베 시럽 1작은술, 깨 약간, 얼음

국물 재료

비건 김칫국물 100ml, 물 250ml, 식초 1큰술, 설탕 1/2큰술, 연두 1큰술

---

1   오이를 돌려깎아 가늘게 채 썰어주세요. 비건 김치는 작게 잘라 참기름
    1/2큰술과 설탕 1작은술, 깨를 넣고 조물조물 무쳐 고명으로 준비합니다.

2   김칫국물을 비롯한 양념을 섞어 국물을 만듭니다. 냉장고에 넣어 시원하
    게 준비해두면 더 좋아요.

3   냄비에 소면을 삶은 뒤, 찬물에 씻고 체에 건져 물기를 뺍니다.

4   접시에 차갑게 씻은 소면을 담고, 김치, 오이 고명을 얹은 뒤 만들어 둔 국
    물을 부어줍니다. 깨를 톡톡 뿌리고, 얼음을 동동 띄워 시원하게 드세요.

병아리콩 콩국수

콩국수는 단백질과 영양을 듬뿍 채워주는 한여름의 보양식이죠. 살아가며 콩국수를 수없이 먹었지만 사실 콩을 직접 갈아서 콩국수를 만들어 볼 생각은 해본 적이 없었어요. 그런데 일하던 레스토랑의 셰프님이 어느 날 스태프밀로 콩국수를 먹자고 하시더라고요. 그래서 마트에서 콩물을 사 와야겠구나 생각하고 있었는데, 셰프님이 캐비닛에서 병아리콩을 꺼내더니 냄비에 푹 삶아 그걸 갈아서 콩국수를 만들어주셨어요. 병아리콩은 낯선 외국 재료란 생각이 앞서서인지 한식에 사용할 생각을 못 했었는데 병아리콩으로 콩국수를 만드니 콩 특유의 비린 맛이 없고 더욱 진하고 고소한 맛을 느낄 수 있었어요.

병아리콩은 익혀서 통조림으로도 판매하잖아요. 외국에서 콩국수 생각이 날 때, 이렇게 만들면 간편하겠다는 생각을 했어요. 비상시를 대비해 집에 통조림류를 조금씩 쟁여놓는 편인데 갑자기 먹고 싶어질 때는 캔만 따서 바로 갈아 만들어 먹을 수도 있고요. 이렇게 새로운 방식을 시도해보면서 재료에 대한 생각을 조금씩 넓혀가는 과정이 즐거워요.

필요한 도구

냄비, 체, 믹서기

주재료

중면 or 중화면 100g, 오이 6cm, 방울토마토 5개, 깨 약간, 얼음 약간

국물 재료

익힌 병아리콩 or 통조림 병아리콩 110g(액체 제외한 콩 무게 기준),
무가당 두유 200ml, 소금 1/4작은술

- — · — · — · — · — · — · — · — · — · — · — · — · — · — · — · — · — · — · — · —

1 병아리콩 통조림을 따서 체에 거르고 물에 한 번 헹궈주세요.

2 병아리콩과 두유, 소금을 믹서에 넣고 곱게 갑니다. 너무 걸쭉하면 두유
　 를 조금씩 추가해주세요.

3 콩국수에 곁들일 오이와 토마토를 손질합니다.

4 끓는 물에 면을 삶아 찬물에 씻어 물기를 잘 털어주세요.

5 접시에 면을 담고 콩 국물을 부은 뒤 고명을 얹고 깨를 뿌려 마무리합니
　 다. 얼음을 곁들이면 더 시원하게 먹을 수 있어요.

> 병아리콩을 직접 삶아서 사용하려면 병아리콩을 하루 전날, 콩 2배의 물
> 에 불려 놓습니다. 잘 불려진 콩은 30분에서 1시간 정도 푹 삶아서 식힌
> 뒤 사용합니다.

집밥 먹고 싶은 하루,
밥과 국 그리고 찬

Just Cook Vegan!

콩비지찌개

육류를 먹어야 단백질이 채워질 거라 믿는 고정관념과 달리 채소나 곡류에도 다량의 단백질이 함유되어 있어요. 콩은 특히 다양한 영양소를 골고루 갖춘 식품이기도 하고, 두부, 된장, 유부, 템페, 낫토 등 다양한 질감과 모양으로 만나볼 수 있는 식재료이지요. 저는 고소한 콩의 맛에 일찍 눈을 뜬 아이였답니다. 콩밥, 두부, 콩자반 등 어린 아이의 입맛에는 맞지 않을 것 같은 음식을 잘 먹는다고 칭찬하는 주변 어른들의 말을 자주 듣다 보니 더욱 즐기게 되었던 것 같아요. 그렇게 저는 콩을 좋아하는 어린이에서 콩을 좋아하는 어른으로 성장했습니다.

콩을 재료로 한 음식들을 두루 좋아하긴 했지만, 콩비지찌개와 청국장은 성인이 되고 나서야 그 맛을 알게 된 음식이에요. 직장 생활을 할 때, 회사 근처에 자주 가는 콩 요리 전문점이 있었어요. 거기서 콩비지찌개를 자주 시켜 먹었는데요. 빨간 콩비지찌개와 하얀 콩비지찌개 두 종류가 있었어요. 맛이 꽤 좋아 그때 이후로 콩비지찌개의 맛에 눈을 뜨게 되었죠. 그 때의 기억을 더듬어 비건 콩비지찌개를 만들었어요. 김치와 식물성 대체육을 달달 볶아 만들면 고소한 맛이 일품이랍니다. 이때, 식물성 대체육은 고소한 맛과 식감을 더해주기 위한 선택사항이니 콩비지와 비건 김치만 준비해 만들어도 좋아요. 간단하면서도 든든하게 속을 채워줄 거예요.

필요한 도구
냄비

주재료
콩비지 1팩(320g), 양파 1/6개, 비건 김치 150g, 식물성 대체육 50g
(언리미트 다짐육 사용), 다진 마늘 1/2작은술, 청양고추 1/2개,
식물성 기름 1큰술, 물 150ml, 국간장 1+1/2큰술, 연두 1큰술, 설탕 1작은술,
소금 1꼬집, 후추 약간, 고춧가루 1작은술, 참기름 1/2큰술

- - · -

1 비건 김치를 잘게 썰어주세요. 양파도 작게 썰고, 마늘은 다져주세요. 청
양고추는 어슷썰기합니다. 식물성 대체육이 다짐육 스타일이 아니라면
핸드믹서로 갈거나 칼로 다져줍니다(단단한 대체육은 물에 불려서 갈아
주세요).

2 달군 냄비에 기름을 두르고 양파와 다진 식물성 대체육을 달달 볶습니다.
소금과 후추를 조금 뿌립니다.

3 어느 정도 볶아지면 잘게 썬 김치와 다진 마늘을 넣고 같이 볶습니다.

4 김치가 잘 볶아지면 콩비지를 더하고 물, 국간장, 연두, 설탕, 고춧가루,
청양고추 등의 양념을 넣고 뭉근하게 중약불에 끓입니다. 너무 센 불에
끓이면 뜨거운 콩비지가 밖으로 퍽퍽 튈 수 있으니 조심하세요.

5 마지막으로 참기름을 한 바퀴 둘러 뿌려주고 고명용으로 남겨둔 청양고
추를 몇 개 올려 완성합니다.

〉 매운 것을 좋아하지 않는다면 고춧가루와 청양고추는 생략해도 좋아요.

병아리콩
된장찌개

비건이 되기로 결심한 후, 직접 해 먹었던 첫 끼니는 된장찌개였어요. 늘 먹던 평범한 음식이지만 사진을 찍어 SNS에 남겨놓아 기억하고 있어요. 냉장고 속의 음식들까지는 정리하지 못했던 상태라 찬으로 곁들였던 무말랭이와 김치는 비건이 아니었던 것으로 기억해요. 그렇지만 채소 된장찌개를 끓여 식사를 하면서 생각보다 비건으로 식사하는 것이 어렵지 않다고 느꼈고, 그 덕에 '그래, 한번 노력해보자'라고 마음 먹을 수 있었어요.

제가 된장찌개를 끓이는 방법은 크게 두 가지가 있어요. 한 가지는 물을 넣기 전에 채소들을 볶는 방법, 또 한 가지는 채소를 볶지 않고 물에 바로 다 넣어 끓이는 방법이에요. 좀 더 진하고 기름진 맛을 내면서 끓이고 싶을 때는 첫 번째 방법으로, 깔끔하고 개운한 맛을 원할 때는 두 번째 방법으로 끓입니다. 요즘에는 볶지 않고 바로 끓이는 방식으로 더 많이 먹는 것 같아요. 채소들을 골고루 넣고 끓이면서 장을 풀어 간을 맞추고, 더 고소하고 걸쭉한 맛을 내고 싶을 땐 병아리콩을 으깨거나 갈아서 추가해요. 삶은 병아리콩 통조림을 이용하면 편리합니다. 같은 재료로 첫 번째 방법대로 기름에 채소들을 먼저 볶아 만들어도 되고요. 그때그때 당기는 맛에 따라 자유롭게 활용해보세요.

필요한 도구
냄비, 핸드믹서

주재료
두부 100g, 애호박 1/6개, 감자 1/2개, 양파 1/6개, 파 1줄기, 당근 1/6개*,
느타리 버섯 100g*, 말린 표고버섯 1줌, 다시마 3~4조각, 다진 마늘 1/2큰술,
삶은 병아리콩 80g*, 된장 3큰술, 고추장 1큰술, 국간장 1큰술, 설탕 1작은술,
물 500~600ml(냄비 사이즈와 선호하는 간에 따라서 조절하세요.)

- · - · - · - · - · - · - · - · - · - · - · - · - · - · - · - · - · - · -

1 각종 채소들을 원하는 사이즈로 손질합니다. 애호박과 감자, 당근, 양파,
대파는 얇은 모양으로 썰어 준비하고, 버섯은 먹기 좋은 사이즈로 찢어
주세요.

2 물에 다시마와 말린 표고버섯, 다른 채소들을 넣고 채수를 우려낸다는
느낌으로 중약불에 끓여주세요.

3 된장, 고추장은 뭉치지 않도록 잘 풀어주고, 국간장, 설탕 약간으로 간을
맞춥니다.

4 미리 삶아둔 병아리콩이나 병아리콩 통조림이 있다면 물기를 빼고 핸드
믹서로 살짝만 갈아주세요. 포크로 으깨도 괜찮아요.

5 끓이던 된장찌개에 간 병아리콩과 두부를 추가해 중약불에 10~15분
정도 끓여주세요. 약한 불에서 오래 끓이면 채소들의 맛이 우러나오고
서로 잘 어우러집니다.

> 모든 채소를 갖추지 않아도 괜찮으니 집에 있는 자투리 채소를 활용해
된장찌개를 끓여보세요.

> 칼칼한 된장찌개를 원할 때는 마지막 단계에서 청양고추를 추가해주세요.

채소 뭇국

손맛이 좋기로 유명한 요리사 친구가 '동지' 파티를 주최했어요. 팥죽을 비롯해 동지에 먹는 음식들을 함께 먹자고 했죠. 비건 아이스크림을 선물로 준비해서 친구의 집에 놀러 갔더니 다양한 나물과 두부구이 등 풍성한 비건 음식 한 상이 준비되어 있었어요. 손맛 좋은 친구는 주방에서 함께 일하던 때에도 스태프밀을 책임진 덕에 '어머님'이라는 별명으로 불리기도 했는데, 그날도 맛있는 음식을 풍성하게 차려주고, 남은 음식은 잊지 않고 싸주기까지 했어요. 늘 행복한 에너지를 전해주는 친구네 집에서 돌아오는 길, 제 손에는 채소 뭇국이 한 통 들려 있었어요. 비건인 저를 위해 채소만으로 뭉근하게 긴 시간 끓여냈다고 했죠.

뽀얗고 시원한 맛의 뭇국이 정말 맛있어서 그 후로 저도 무와 배추를 넣고 끓인 국을 자주 먹게 되었어요. 고소한 기름이 동동 뜬 이 채소 뭇국은 명절에 차례를 지낼 때, 할머니 댁에서 먹던 맛이에요. 그래서인가 이 국을 먹으면 속이 따뜻하고 든든해져요. 생각보다 만드는 법도 간단하고 끓이는 시간도 오래 걸리지 않아 종종 해 먹게 돼요. 달달 볶은 무, 오래 끓여 부드러워진 대파의 맛을 충분히 느껴보세요.

필요한 도구
프라이팬, 냄비

주재료
무 150g, 새송이버섯 1개*, 두부 100g*, 다진 마늘 1작은술, 대파 1줄기,
홍고추 1개*, 청양고추 1개*, 통마늘 4알, 소금 1꼬집, 후추 약간, 다시마 4조각,
물 750ml, 국간장 1+1/2큰술, 연두 1큰술, 설탕 1작은술, 콩기름 1큰술

— · — · — · — · — · — · — · — · — · — · — · — · — · — · — · — · — · —

1   무를 얇은 사각형 모양으로 썰어주세요. 버섯은 듬성듬성 자르고, 대파,
    홍고추, 청양고추는 어슷썰기하세요. 통마늘은 칼 옆으로 눌러 준비합
    니다.

2   팬에 기름을 두르고 작은 육면체 모양으로 썬 두부를 노릇하게 구워줍니
    다. 소금과 후추로 간을 하고 접시에 따로 덜어놓습니다.

3   냄비에 기름을 두른 뒤 무와 누른 통마늘을 넣고 달달 볶습니다.

4   무가 투명해지면 물을 넣고, 다진 마늘, 대파, 버섯을 넣고 중약불에 끓입
    니다. 국간장, 연두, 설탕 등으로 간을 맞추고 콩기름을 1작은술 정도 넣
    습니다.

5   20분 이상 뭉근하게 중약불에 끓이다가 소금으로 간을 맞춘 뒤, 구워놓
    았던 두부, 홍고추, 청양고추를 넣고 한소끔 끓여냅니다.

>   콩기름 대신 들기름과 들깻가루 1~2큰술을 더해 끓이면 아주 고소한 들
    깨 뭇국이 됩니다.

두부 버섯 전골

한 모에 만원이나 하는 두부를 파는 두부 전문점에서 두부 전골을 먹은 적이 있어요. 화려한 맛은 아니었지만 한 입 뜨는 순간, 두고두고 생각 날 맛이라는 느낌이 왔어요. 들깨 향이 가득한 채수 국물 속에 두툼하게 썬 두부가 들어 있었는데, 두부가 커서 간이 배어들진 않았지만, 국물 자체의 간이 잘 되어 있어서 두부와 국물을 같이 먹으면 조화로웠어요. 그리고 두툼한 두부를 씹을수록 두부 자체의 고소한 맛이 더 진하게 느껴졌어요. 얇게 썬 양파의 달달한 맛이 우러난 들깨향이 가득한 국물은 깔끔하면서도 감칠맛이 있었고, 맛있는 두부는 그 음식의 격을 한층 끌어올렸죠.

처음엔 두부가 만 원이나 한다고 했을 때 비싸다고 혀를 내둘렀는데, 막상 맛을 보니 '역시 이유가 있구나' 싶으면서 이런 생각을 했어요. 비건 생활을 한다고 하면 돈이 많이 들지 않냐고 묻는 사람들이 꽤 있어요. 그러면서 동시에 식물성 음식을 '풀떼기'라고 부르며 육류에 비해 저렴한 음식 취급을 하지요. 그런 이중적인 잣대와 고정관념을 깨는 식물성 음식이 많아지면 좋겠다고 생각했어요. 보통 사람들이 소고기나 특정 식재료가 비싸다고 해서 '내가 육식을 해서 식비가 많이 든다'고 생각하지는 않잖아요. 채식에 대해서도 뭉뚱그려 풀떼기로 취급하지 말고 재료 하나하나를 개별적으로 보면 좋겠다고 생각했어요.

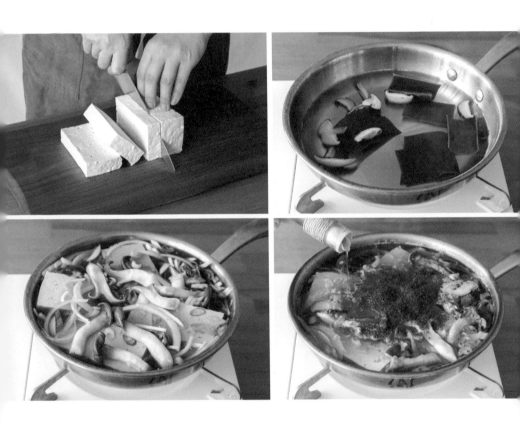

필요한 도구
전골용 넓은 냄비

주재료
두부 1/2 모, 다시마 4조각, 건표고버섯 1줌, 양파 1/2개, 대파 2줄기,
다진 마늘 1작은술, 느타리 버섯 100g, 청양고추 1/2개•, 쪽파 or 대파 채 썬 것
1줌(고명용)•, 물 500ml, 국간장 1+1/2큰술, 양조간장 1큰술, 연두 2작은술•,
미림 1큰술, 설탕 1작은술, 고춧가루 1+1/2큰술, 들기름 넉넉히

— · — · — · — · — · — · — · — · — · — · — · — · — · — · — · — · — · — · —

1 두부는 2cm 이상의 두께로 두툼하고 큼직하게 썰어주세요. 양파는 얇게
채 썰고 대파와 고추는 어슷썰기하세요.

2 넓은 냄비에 물, 다시마, 건표고버섯을 넣고 약불에서 10~15분 정도 끓
여 채수를 내 주세요.

3 간장, 연두, 미림, 설탕을 채수에 풀고 느타리버섯과 채 썬 양파, 대파, 청
양고추, 다진 마늘, 두부를 넣고 끓입니다. 국물에 재료들의 맛이 잘 우러
나도록 중약불에서 보글보글 15분 정도 끓여주세요.

4 국물의 맛을 보아 간이 잘 맞고 채소들의 맛이 잘 어우러졌다면 고춧가루
를 넣고 들기름을 2큰술 이상 넉넉히 추가합니다. 5분 더 끓인 후 쪽파나
대파 채 썬 것을 올려 완성합니다. 매운 정도는 고춧가루와 청양고추 양
으로 조절해주세요.

새송이 장조림

엄마가 장조림을 만드는 날이면 온 집안이 달큰한 간장 양념 향기로 가득했던 기억이 나요. 다가올 식사 시간을 들뜬 마음으로 기다렸을 만큼, 정말 좋아했던 반찬인데 비건이 되고 나서는 한동안 잊고 지냈어요. 어느 날에 장조림이 너무 생각나서 버섯으로 만들면 어떨까 싶어 같은 양념에 졸여 만들어보니 나름의 식감에 맛도 있었고, 예전의 추억도 되살아났어요. 집안 가득 달큰한 간장 냄새가 폴폴 났죠. 졸이는 시간은 좀 걸렸지만 한 번 만들어 놓으면 냉장고에 두고 꺼내어 먹을 수 있으니 유용한 반찬이에요. 엄마도 이런 마음으로 장조림을 만드셨을까요? 비건이 되기 전부터 본가에서 독립해 스스로의 살림을 꾸려나가고 있었지만, 비건이 되고 나서는 더 자주 매일의 끼니를 직접 해결해 나가다 보니, 매끼마다 요리하시던 엄마의 마음이 어땠을지 떠올려 보게 돼요.

장조림도 집집마다 스타일이 조금씩 다르겠죠? 저는 깐 밤과 견과류, 홍고추, 꽈리고추를 함께 졸였는데 각자 취향에 따라 넣고 싶은 것은 더하고 싫은 것은 빼고 만들어보세요. 새송이 버섯은 특유의 향보다 탄력 있는 질감이 강하게 남아요. 친구는 예전에 먹던 장조림 안의 졸여진 달걀 흰자의 느낌이 새송이 버섯에서 난다고 하더라고요. 버섯 대신 곤약을 졸여도 쫄깃하고 맛있을 거예요.

필요한 도구
냄비

주재료
새송이버섯 큰 것 4~5개, 아몬드 등 견과류 40g, 깐 밤 100g, 마늘 5알,
꽈리고추 10개, 홍고추 1개, 굵은소금 1/2큰술, 잣 약간•

국물재료
간장 1/3컵, 다시마 우린 물 2컵(연두 1+1/2큰술 넣은 물로 대체 가능),
설탕 2+1/2큰술, 청주 2+1/2큰술, 물엿 1큰술, 콩기름 1큰술

— · — · — · — · — · — · — · — · — · — · — · — · — · — · — · — · — · —

1 새송이버섯을 길게 잘라주세요. 버섯이 너무 작으면 양념이 너무 많이 배어들어 짜질 수 있으니 큼직하게 자르고, 졸인 후 먹기 전에 알맞은 크기로 바로 썰어서 먹는 것이 좋아요.

2 꽈리고추는 꼭지를 따고, 홍고추는 어슷썰기합니다.

3 소금 1/2큰술을 넣고 끓인 물에 버섯을 살짝 데쳐냅니다.

4 물엿과 콩기름을 제외한 다른 양념을 모두 섞어 조림 양념을 만들고 모든 재료들을 넣어 국물이 절반 줄어들 때까지 졸여주세요.

5 국물이 졸아들면 물엿과 콩기름을 넣고 잘 섞어 조금 더 졸입니다. 마지막에 잣을 올리면 고급스러운 느낌이 나요.

> 곤약으로 만들 경우에는 식초를 조금 탄 소금물에 곤약을 한번 데쳐서 사용하면 비린 맛이 빠져요.

두부구이와 무조림

요리를 하면서 가끔, 파리를 여행할 때 잠시 머물렀던 집의 주인인 매튜와 나눴던 대화가 떠오르곤 해요. 그는 때때로 비건식을 하는 플렉시테리언이었어요. 제가 사왔던 비건 푸아그라와 비건 캐비어를 함께 맛보며 그가 물었죠. "이런 음식들이 흥미롭기는 하지만, 비건이 된 것은 푸아그라나 캐비어를 먹지 않겠다고 다짐했기 때문 아니야?(*푸아그라와 캐비어는 프랑스 고급 요리에서 빠지지 않는 값비싼 음식이에요. 푸아그라는 거위를 좁은 철창에 가두고 부리에 튜브를 꽂아 강제로 사료를 먹여 비정상적으로 살을 찌워 얻은 거위의 지방간, 캐비어는 멸종위기인 철갑상어의 알이지요.) 굳이 예전에 먹던 음식을 모방한 음식을 먹는 것이 이해가 안 가. 나는 전에 먹던 음식과는 다른 새로운 비건 음식을 선호하는데, 너는 이 점에 대해 어떻게 생각하니?"

그의 의견이 이해는 갔지만 공감할 수는 없었어요. 비건이 되기 전에 먹었던 음식을 위화감 없이 비건으로 먹을 수 있도록 하는 것도 필요한 방향성이라고 생각하거든요. 그걸 통해 더 많은 사람이 큰 변화를 겪거나 무언가를 포기한다고 느끼지 않고 비건식을 시도할 수 있도록 진입 장벽을 낮출 수 있을 테니까요. 그리고 무엇보다 비건도 다양한 성격의 음식을 즐길 수 있어야 한다고 생각해요. 이 두부구이와 무조림이 그런 요리예요. 칼집을 내어 마리네이드한 두부를 구우면 겉은 단단하고 속은 부드러워 질감이 마치 생선 같지만, 만드는 과정에서 피도 비린내도 없다는 점이 다르답니다.

필요한 도구
프라이팬, 냄비, 실리콘 백 등 밀폐용기

마리네이드 두부 양념 재료
두부 300g, 물 200ml, 연두 1큰술, 레몬즙 2큰술, 미소된장 1큰술, 맛술 1큰술,
소금 1/2작은술, 마늘 가루 1/4작은술(다진 마늘로 대체 가능)•, 김 1장•

무조림 재료
무 500g, 다시마 우린 물 400ml, 양조간장 3큰술, 국간장 2큰술,
고춧가루 3큰술, 매실청 1큰술, 다진 마늘 1+1/2큰술, 다진 파 1+1/2큰술,
다진 생강 1/2작은술, 미림 1큰술, 설탕 1큰술, 물엿 1큰술, 들기름 1/2큰술,
대파나 쪽파, 홍고추 약간(고명용)

- - · -

**마리네이드
두부 구이**

1 두부에 넓은 쟁반을 올리고 무거운 것을 올려 20분 가량 물기를 뺍니다.

2 물기를 뺀 두부에 2/3 정도의 깊이로 촘촘히 칼집을 내주세요. 양 옆에
   젓가락을 놓고 자르면 두부를 끝까지 자르는 것을 방지할 수 있어요.

3 두부 마리네이드 양념을 모두 잘 섞은 뒤 밀폐가능한 실리콘 백이나 밀폐
   용기에 두부와 함께 넣어 밀봉해 하룻밤 냉장 보관합니다.

4 재워진 두부를 부서지지 않도록 조심스럽게 꺼내어 달군 팬에 기름을 두
   르고 겉이 노릇하고 바삭해지도록 굽습니다.

무조림

1 무를 1~2cm 정도의 적당한 두께로 자르고 껍질을 깎아 손질합니다.

2 재료의 양념을 모두 섞어 양념장을 만든 다음, 다시마를 우린 물에 무를
   담고 양념장을 얹어 10분 정도 센 불에 끓이다가 불을 줄여서 15분 정도
   중약불에 졸여주세요.

3 무가 부드러워지고 양념이 속까지 잘 배어들면 완성입니다.

4 접시에 무조림과 두부 구이를 함께 담고 어슷 썬 파, 홍고추를 고명으로
   올립니다.

알배추 겉절이

김치가 비건이 아니라니. 처음엔 충격이었어요. 김치 양념을 만들 때 멸치액젓, 새우젓과 같은 젓갈류가 들어가고, 지역에 따라서 굴을 비롯한 다른 동물성 재료를 추가하기 때문이에요. 비건이 되기 전엔 김치 없이 못 사는 사람도 아니었는데 비건이 되고 나서 김치는 저에게 무척 소중한 존재가 되었습니다. 뜨거운 국을 먹을 때 아작아작 베어 먹던 섞박지, 라면 먹을 때 한 입씩 잘라 먹던 아삭한 알타리 김치, 밥에 얹어 슥슥 비벼 먹던 열무 김치, 입맛 돋워주는 파김치와 알싸한 매력의 갓김치, 살얼음 동동 띄워 먹는 백김치까지… 외국에 나가서도 김치를 굳이 찾지 않았던 제가 이렇게 김치를 찾게 될 줄은 몰랐어요. 요즘은 다행히 다양한 비건 김치를 인터넷에서 간편하게 주문할 수 있게 되었어요.

비건 친구들과 함께 모여서 김장을 해보자는 이야기는 여러 번 했었는데 아직 시도한 적은 없어요. 김장이라고 하면 무척 큰일 같아서 겁부터 먹게 되는 것 같아요. 그런데 그때그때 먹을만큼만 적게 만들면 의외로 무척 간단하답니다. 단단한 알배추를 하나 사다가 겉절이를 담가보세요. 알배추를 깨끗이 씻어 소금에 절여뒀다가 양념장을 만들어 그대로 버무리면 겉절이가 완성됩니다. 겉절이는 바로 먹어도 되고, 냉장고에 좀 두었다가 먹어도 맛있어요.

주재료

알배추 1/2개, 쪽파 10줄기 정도, 굵은 소금 2큰술

양념 재료

고춧가루 3큰술, 설탕 1큰술, 물엿 1큰술, 국간장 2+1/2큰술, 식초 1작은술,
매실청 1큰술, 다진 마늘 1큰술, 참기름 1큰술, 깨소금 약간

ー・ー・ー・ー・ー・ー・ー・ー・ー・ー・ー・ー・ー・ー・ー・ー・ー

1 세척한 배추와 쪽파를 손질해줍니다. 배추는 5cm 정도 크기로 듬성듬성
  자르고 쪽파도 같은 크기로 잘라주세요.

2 배추에 굵은 소금을 뿌리고 골고루 섞어 30분 정도 절입니다.

3 배추가 절여지는 동안 양념 재료를 섞어 겉절이 양념을 만듭니다.

4 배추가 절여지면 물기를 손으로 살짝 짜낸 뒤 쪽파, 양념장을 넣고 섞어
  주세요.

5 완성된 김치는 바로 먹어도 되고 잠시 냉장고에 두었다가 먹어도 맛있
  어요.

우엉 고추장
양념 구이

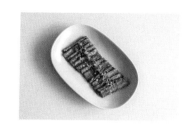

"감자도 트러플(송로버섯) 만큼의 가치가 있습니다. 그것이 귀하다, 아니다 하는 것은 자연이 정하는 것이 아니라 인간이 부여한 가치일 뿐입니다." 예전에 북유럽의 한 레스토랑에 방문했다가 들은 이야기 중에서 인상 깊었던 부분이에요. 어떤 존재에 대해 가격으로 그 가치를 매기는 자본주의적 관점에 길들여져 있었는데 본질을 생각하니 그 말이 너무 맞는 말이었던 거예요. 감자와 트러플은 각자의 맛과 특징을 가지고 있고 둘 다 없어서는 안 될, 각자의 역할을 하는 소중한 재료들이에요. 식재료를 대할 때, 가격표를 떼고 더 평등하게 보는 계기가 되었어요.

더덕과 우엉도 차이가 크지는 않지만 하나는 조금 더 비싸고 고급스러운 음식으로 취급되고 하나는 주변에서 흔히 볼 수 있는 재료로 편하게 취급되곤 해요. 친숙한 우엉을 조금 색다르게 기름장과 고추장 양념에 구워봤어요. 더덕 구이도 무척 향기롭고 맛이 좋지만 우엉 구이는 우엉 특유의 아작아작 씹히는 식감과 씹을수록 느껴지는 특유의 향이 있어요. 김밥 재료나 조림용 재료로만 생각했었는데 색다른 조리 방법으로 우엉에 대해 조금 더 알게 된 기분이에요. 마지막에 잣을 다져 위에 뿌리면 한층 더 고급스러운 맛과 느낌을 낼 수 있으니 시도해보세요.

우엉 100g 기준

필요한 도구
프라이팬

주재료
우엉 100g, 물 500ml, 소금 1/2큰술, 식초 1큰술

기름장 재료
진간장 2큰술, 참기름 2큰술

양념장 재료
고추장 1큰술, 진간장 1/2큰술, 물엿 1작은술, 설탕 1/2큰술, 다진 마늘 1작은술,
참기름 1/2큰술, 미림 1/2큰술, 후춧가루 약간, 잣, 쪽파 약간(고명용)●

— · — · — · — · — · — · — · — · — · — · — · — · — · — · — · — · — · — · — · —

1 우엉의 껍질을 벗겨주세요. 칼등으로 긁듯이 손질하거나 필러를 사용해
      도 됩니다. 껍질에도 좋은 성분이 많다고 하니 너무 두껍게 깎지 않는 것
      이 좋아요. 껍질을 깐 우엉은 얇게 썰어 소금과 식초를 탄 물에 잠시 담가
      놓습니다. 아린 맛을 제거하고 갈변을 막는 과정이에요.

2 간장과 참기름을 1:1로 섞어 기름장을 만들고, 양념장 재료를 모두 섞어
      고추장 양념장을 만드세요.

3 팬에 우엉을 올리고 기름장을 발라가며 중불에서 앞뒤로 잘 구워주세요.

4 노릇하게 잘 구워졌다 싶으면 고추장 양념을 발라 타지 않도록 불 조절을
      해가며 앞뒤로 구워주세요. 고추장 양념은 순식간에 탈 수 있으니 약한
      불에서 굽는 것이 좋아요.

5 양념이 꾸덕한 느낌으로 구워지면 접시에 담고, 작게 썬 쪽파, 다진 잣을
      위에 얹어 마무리합니다.

탕평채

저는 비건이 되기 전에 젤리를 정말 좋아했어요. 집착 수준으로 하루 종일 씹어댈 때도 종종 있었죠. 하지만 젤리의 젤라틴이 돼지에게서 온다는 사실을 알고 나서 피하게 되었고 그 빈자리가 무척 크게 다가왔어요. 그래서 이런저런 대체 재료들을 찾아보았는데 식물성으로 젤라틴을 대체해 무언가를 굳힐 수 있는 재료로 여러 가지 전분류들과 한천이 있다는 것을 알게 되었어요. 물론 그 재료들로 구현할 수 있는 쫀득함의 종류가 젤라틴으로 내는 식감과 다르긴 하지만 말이에요. 그러고 보면 도토리나 녹두 등의 전분으로 만드는 묵은 한국식 젤리의 일종이라고 할 수도 있겠네요. 조리 방식에 따라서 잘 부서지기도 하지만, 탱글하고 쫀득한 질감을 가지기도 하잖아요(건조시킨 도토리묵은 엄청 쫄깃해요).

묵은 제가 비건이 되고 나서 좋아하게 된 음식 중 하나예요. 채소와 함께 매콤새콤하게 무쳐 먹는 묵 무침도 맛있지만 저는 청포묵을 볶은 채소, 양념장과 함께 버무려 먹는 탕평채를 더 좋아해요. 조선시대 정책 이름에서 유래한 음식 이름이라 생소할 수도 있지만, 어려운 이름과는 다르게 한식당에서 반찬으로 종종 마주하기도 하는 음식이에요. 만드는 방법을 보면 잡채와 비슷하기도 하고, 색색깔의 재료들을 따로 준비해 놓으면 비빔밥이 떠오르기도 하는데 그 둘과는 또 다른 매력을 가지고 있지요. 정갈하고 예쁘게 차려낼 수 있어 손님을 대접할 때에도 좋아요. 저는 오이를 얇게 썰어 볶았는데, 청포묵은 미나리와도 궁합이 좋으니 미나리로 향긋함을 더해보는 것도 좋겠어요.

필요한 도구
프라이팬, 냄비

주재료
청포묵 1팩(400g), 당근 1/2개, 오이 1/2개 or 미나리 1줌, 표고버섯 3~4개,
숙주 1/2팩, 참기름 1/2큰술, 소금 약간, 식물성 기름 약간, 후추, 김 1장

버섯 밑간 양념
간장 1큰술, 설탕 1작은술, 참기름 1/2큰술, 다진 마늘 1작은술, 후추 약간

양념장 재료
양조간장 1큰술, 국간장 1큰술, 식초 1큰술, 참기름 1큰술, 설탕 1/2큰술

- · - · - · - · - · - · - · - · - · - · - · - · - · - · - · - · - · - · -

1   청포묵을 가늘게 썰고, 당근과 오이, 버섯도 가늘게 썰어 준비해주세요.

2   오이는 돌려깎기 한 뒤 가운데의 씨 부분은 버리고, 단단한 부분 위주로
    얇게 썰어주면 부서지지 않고 식감이 좋아요.

3   버섯은 밑간 양념에 버무려 놓습니다.

4   끓는 소금물에 잘라 놓은 청포묵을 넣고 투명한 느낌이 날 때까지 데쳐주
    세요. 체에 건저서 찬물에 헹구지 말고 그대로 식혀야 식감이 더 좋아요.
    참기름 1/2큰술과 소금 약간을 뿌려 버무려 놓습니다.

5   같은 끓는 물에 숙주를 넣고 10~20초 정도 살짝 데쳐주세요.

6   달군 팬에 기름을 두르고 얇게 썬 오이를 볶습니다. 소금과 후추로 간을
    해주세요. 같은 팬에 당근도 소금과 후추를 뿌려 볶습니다. 마지막에 양
    념에 재워 둔 버섯을 볶습니다.

7   모든 재료를 잘 섞어 양념장을 조금씩 뿌려 간을 맞추면 완성이에요. 마
    지막에 김을 뿌려서 먹으면 더 맛있어요.

>   볶은 재료들을 섞지 않고 색깔별로 예쁘게 담아서 개인 접시에 덜어 양
    념장을 더해 먹는 방법도 있어요. 조금 더 격식 있는 분위기를 낼 수 있답
    니다.

나물 비빔밥

예전 드라마를 보면 인물들이 실연을 당하거나 힘든 일을 겪었을 때, 양푼에다가 비빔밥을 산처럼 비벼서 한입 가득 퍼먹는 장면이 꼭 나오더라고요. 요즘 나오는 드라마에서는 그런 장면은 못 본 것 같으니 그것도 한때의 문화였을까요? 그런데 왜 비빔밥일까요? 모든 재료를 비벼서 먹는 음식 자체의 모양새도 그렇게 아름답지는 않은데 접시도 아닌 양푼에 비벼 통째로 들고 먹는 행동은 남의 시선 따위 의식하지 않고 내 멋대로 욕구를 분출하겠다는 일종의 시위처럼 느껴지기도 해요. 내가 받은 스트레스까지 다 비벼서 먹어 없애버리겠다는 의지의 행동처럼 보이기도 하고요. 요즘 비빔밥 전문점에 가면 별별 재료들을 더해 특별한 비빔밥을 만들어 판매하지만 저는 기본적인 나물과 남은 반찬으로 슥슥 비벼 먹는 비빔밥을 가장 좋아해요.

나물은 비빔밥으로 먹을 때뿐만 아니라 밑반찬으로 두고 먹을 수 있는 기본적인 음식이에요. 하지만, 아무래도 손질할 때 손이 많이 가니까 여유가 없다면 반찬가게에서 나물을 사다가 식물성 약고추장만 만들어 비빔밥을 해 먹어도 좋아요. 이때, 구매한 나물의 양념이 식물성인지 확인할 수 있다면 더욱 좋겠지요. 고사리나 도라지는 손질해서 판매하는 제품을 사용하면 만들기가 한결 수월해요. 나물을 사 오기도, 만들기도 귀찮을 때는 집에 있는 채소들을 모아 한번에 볶아서 밥이랑 비벼 먹기도 해요. 저는 맨밥에 약고추장만 비벼서 먹을 때도 종종 있답니다. 너무 완벽한 비빔밥을 만들겠다는 생각은 접어두고 나만의 스타일로 만들어 보아요.

식물성 약고추장

재료

식물성 대체육 200g(언리미트 다짐육 사용), 다진 파 2큰술, 다진 마늘 2큰술, 식물성 기름 1+1/2 ~2큰술, 소금, 후추, 진간장 1큰술, 국간장 1큰술, 미림 1큰술, 설탕 1큰술, 참기름 1큰술, 고추장 13큰술, 물(채수) 100ml, 물엿 1큰술, 다진 잣 3~4큰술

1 식물성 대체육이 다져낸 질감이 아니라면 갈거나 다져서 사용해도 괜찮아요. 대체육 대신 템페나 두부 등 다른 재료를 사용해도 됩니다. 달군 팬에 기름을 두르고 중약불에 다진 파와 마늘을 볶다가 식물성 대체육 다진 것을 넣고, 소금, 후추를 뿌려 으깨듯이 볶습니다.

2 양조간장과 국간장, 미림, 설탕, 참기름을 미리 섞어 놓습니다. 식물성 대체육이 보슬보슬하게 잘 볶아졌을 때 만들어 놓은 양념을 부어줍니다. 이때 맛을 봐서 간이 맞는지 체크하세요.

3 양념이 잘 배어들면 고추장과 물(혹은 채수), 설탕, 물엿을 넣고 섞어가며 약불에 볶습니다. 고추장은 타기 쉬우므로 계속 섞으며 볶아주세요. 마지막에 참기름과 다진 잣을 넣고 섞으면 완성입니다.

채소 볶음

재료

표고버섯 5개, 식물성 기름 1/2큰술, 간장 1큰술, 설탕 1/2큰술, 후추 약간, 당근 1/2개, 식물성 기름 1/2큰술, 소금, 후추, 애호박 1/2개, 연두 1+1/2작은술, 소금, 후추

1 버섯은 채 썰어 기름을 두른 팬에 노릇하게 잘 볶다가 마지막에 간장, 설탕, 후추를 넣고 약불에 타지 않게 빠르게 볶아냅니다.

2 당근은 채칼이나 칼로 가늘게 썬 뒤 팬에 볶다가 소금, 후추로 간을 해주세요. 다진 마늘과 함께 볶아도 맛있어요.

3 애호박은 부채꼴 모양으로 썬 뒤 팬에 볶다가 연두, 소금, 후추를 넣어 볶습니다.

도라지 나물

재료

손질된 도라지 300g, 연두 1/2큰술, 물 100ml, 다진 마늘 1/2큰술, 다진 파 1큰술, 국간장 1큰술, 소금 1큰술, 참기름 1/2큰술, 통깨 약간

1 손질된 도라지에 소금 1큰술을 뿌려 벅벅 문질러 씻고, 쓴맛을 빼기 위해 그 상태로 물에 담가 30분 이상 둡니다.

2 달군 팬에 기름을 두르고, 도라지를 볶다가 연두와 물을 넣은 다음 도라지를 더 익혀줍니다.

3 도라지가 부드러워지고 어느 정도 익었다 싶으면 다진 마늘, 다진 파, 국간장, 소금을 넣습니다. 재료가 잘 어우러지면서 국물이 도라지에 흡수되도록 끓입니다. 국물이 거의 다 흡수되면 참기름과 통깨를 뿌려 완성합니다.

고사리 나물

재료

손질된 데친 고사리 300g, 국간장 2큰술, 소금 1꼬집, 다진 파 1큰술, 다진 마늘 1/2큰술, 후추 약간, 연두 1/2큰술, 물 100ml, 들기름 1큰술, 들깻가루 1큰술

1 손질 후, 데친 고사리를 물에 한번 씻은 뒤 국간장, 소금, 다진 파, 다진 마늘, 후추로 양념해 조물조물 무쳐 10분간 둡니다.

2 달군 팬에 기름을 두르고 양념에 재워 놓았던 고사리를 볶습니다. 고사리를 볶다가 연두와 물을 넣고 익힙니다.

3 국물이 고사리에 흡수되면서 고사리가 부드럽게 익으면 들기름과 들깻가루를 넣고 섞어 마무리합니다.

무 생채

재료

무 450g, 소금 1큰술, 고춧가루 2큰술, 설탕 1큰술, 매실청 1큰술,
다진 마늘 1작은술, 국간장 1큰술

1 무를 채칼이나 칼로 가늘게 자릅니다. 자른 무에 소금 1큰술을 뿌려 잘
   섞고, 30분간 절입니다. 절여진 무는 씻지 않고 체에 밭쳐 둔 다음, 나온
   국물은 버립니다. 물에 헹구면 싱거워져요.

2 절여진 무에 고춧가루를 버무려 5분 정도 둡니다. 무에 색이 예쁘게 배어
   듭니다.

3 설탕, 매실청, 다진 마늘, 국간장 등의 양념을 더해 조물조물 섞으면 완성
   입니다.

시금치 나물

재료

시금치 200g, 다진 마늘 1/2작은술, 다진 파 1큰술, 참기름 1/2큰술, 소금 3꼬집,
통깨 1/2큰술

1 시금치의 뿌리 부분을 칼로 잘라내고 세척합니다. 소금을 1큰술 넣고 물
   을 끓여 시금치를 데칩니다. 금방 물러지니 10초 정도 짧게 데친 후 체로
   건져냅니다.

2 건져낸 시금치는 바로 찬물에 씻어 손으로 물기를 꼭 짜냅니다.

3 물기를 짠 시금치를 살살 풀고, 다진 파, 마늘, 통깨, 참기름, 소금을 넣고
   조물조물 무쳐주세요.

모든 재료들은 각자의 맛과 특징을 가지고 있고 모두 없어서는 안 될,
각자의 역할을 하는 소중한 재료들이에요.

Chapter 4

술 한 잔 생각나는 하루,
야식과 안주

장떡과 옥수수전 | 두부 김치 | 양념 곤약장 | 떡볶이와 볶음밥 | 감자
볶음탕 | 채소 절임 | 버섯 가라아게 | 오코노미야키 | 맥앤치즈 | 콜리
플라워 튀김

Just Cook Vegan!

장떡과
옥수수전

비건 생활을 시작하면서 원래 비건인 음식이 반갑고 소중해졌어요. 전이 바로 그런 음식 중 하나예요. 밖에서 술자리를 가져야 할 때도 전집이 있으면 반가웠어요. 감자전, 애호박전, 부추전 등 메뉴판에 채소전이 하나 이상은 있었거든요(물론 음식점마다 조리법이 다르니 반죽에 달걀이나 육수를 사용하는지, 재료에 해산물이 포함되는지 등을 확인하는 과정이 필요합니다). 반죽에 어떤 채소든 넣고 부치기만 하면 되니 조리 과정도 간단하고, 기름에 지진 밀가루와 채소들은 맛이 없기 어려운 조합이에요. 외국 친구들에게 소개했을 때도 언제나 반응이 좋았어요.

전이라면 골고루 다 좋아하지만 특히 장떡을 좋아합니다. 어릴 적 엄마가 도시락에 고추장과 옥수수를 넣어 만든 작은 전을 반찬으로 싸주시곤 했어요. 그걸 무척 좋아했는데 장이 들어가서 장떡이라 부르는 음식이 있다는 것을 어른이 되고 나서 알았죠. 한때 자주 가던 전집 메뉴판에 장떡이 있어 시켜봤는데 새빨간 색의 쫀쫀한 반죽에 채 썬 애호박과 청양고추가 들어가 있었어요. 정말 맛있어서 그 가게에 갈 때마다 매번 장떡을 시켜 먹다가, 어느 날은 사장님께 비결을 물어봤어요. 사장님은 특별한 게 없다며 참기름이 좀 들어간다고만 하셨고, 그 이후 저도 장떡을 만들 때 참기름을 조금 넣어 만든답니다. 캔 옥수수를 하나 따서 전분 반죽에 섞어 굽는 아주 간단한 옥수수 전은 장떡의 매운 맛을 중화시켜줘요. 설탕과 식물성 마요네즈를 곁들이면 안주뿐 아니라 간식으로도 좋아서 한 접시 만들어 조카들 간식으로 인기몰이 했던 기억이 나네요. 비가 추적추적 내리거나 전이 왠지 당기는 날, 간단한 비건 안주가 필요한 날의 메뉴로 추천해요.

필요한 도구
프라이팬, 볼

장떡 재료
애호박 1/2개, 부침가루 240ml, 물 200ml, 고추장 1큰술, 고춧가루 1/2큰술,
간장 1큰술, 설탕 1작은술, 참기름 1큰술, 캔 옥수수 1/2 컵(100ml)*,
청양고추 1개, 연두 1작은술

옥수수전 재료
캔 옥수수 1개(340ml), 전분가루 9큰술, 물 6큰술, 소금 2꼬집,
뉴트리셔널 이스트 1큰술*, 설탕 적당량, 식물성 마요네즈 적당량, 후추 약간

장떡

1 애호박은 가늘게 썰고, 청양고추는 듬성듬성 다집니다.

2 애호박과 청양고추, 옥수수를 볼에 담고, 부침가루와 물을 비롯한 모든
양념류를 넣고 잘 섞어 주세요. 질감은 습도에 따라서도 달라지니 너무
뻑뻑하면 물을 추가하고, 너무 묽을 경우 부침가루를 조금 더 넣어 농도
를 조절하세요.

3 팬을 달구고 식물성 기름을 충분히 두른 뒤 반죽을 넣어 부칩니다. 고추
장이 들어가 금방 탈 수 있으므로 뒤집어가며 중불에 부쳐주세요.

옥수수전

1 캔 옥수수는 따서 국물이 빠지게 체에 받쳐 준비합니다.

2 전분가루를 물에 푼 뒤 흐르는 질감이 되면 옥수수와 소금, 뉴트리셔널
이스트, 후추를 추가해서 잘 섞습니다.

3 팬을 달군 뒤 기름을 넉넉히 둘러 옥수수전을 부치고, 노릇노릇해지면 접
시에 덜어 설탕과 식물성 마요네즈를 뿌려줍니다.

> 옥수수전은 전분 물이 묽어 잘 안 뭉칠 것처럼 보여도 뜨거운 팬에 구우
면 잘 부쳐지니 너무 뻑뻑한 반죽이 되지 않도록 유의하세요.

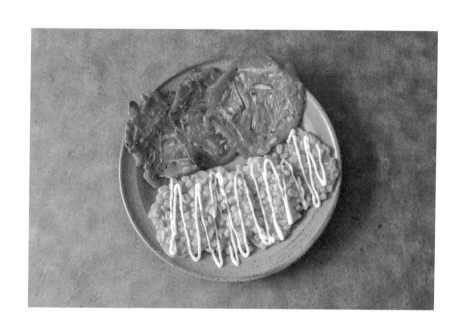

두부 김치

음식 문화에 대해 이야기할 때 술을 빼고 말할 수 있을까요? 음식의 좋은 짝이 술이라고 생각하는 저로서는 음주 문화에 있어서 만큼은 비건이 확실히 소외되어 있다고 느껴요. 회식은 왜 항상 삼겹살에 소주, 치킨에 맥주, 스테이크에 와인 같은 뻔한 육식 조합으로 이뤄지는 걸까요? 오래 전부터 육식을 힘을 주는 음식, 고급 음식이라고 여기던 문화에서 비롯된 것 같아요. 기념하는 날이나 축하하는 날에는 특히 많은 사람들이 관행처럼 육식을 즐기는데 채식 음식도 특별한 날에 충분히 주인공이 될 수 있다는 것을 보여주고 싶어요. 술도 기본적으로는 식물성이고요(다만, 성분상으로는 식물성이어도 정제하는 과정에서 동물성 재료가 사용되기도 하고, 특정한 맛을 내기 위해 비건이 아닌 재료를 추가하는 경우도 있습니다).

채식으로는 안줏거리가 없지 않냐고 우려하는 분들도 있어요. 평소 흔하게 먹던 안주 중에서도 비건으로 먹을 수 있는 것이 많답니다. 막걸리와 소주 안주로 잘 어울리는 두부 김치도 보통의 전통 주점에서 많이 볼 수 있는 메뉴예요. 액젓이 들어가지 않은 김치를 사용하기만 하면 간단히 맛있는 비건 안주를 만들 수 있어요. 입맛을 돋우는 볶은 김치에 금방 데쳐 따뜻한 두부를 곁들이면 볶은 김치의 기름지고 짭짤한 맛이 담백하고 부드러운 두부와 잘 어우러집니다. 안주로도 그만이지만 밥 위에 얹어 먹으면 간단하고 맛있는 볶음 김치 덮밥이 돼요.

2인분 기준

필요한 도구
프라이팬, 냄비

주재료
두부 1팩(300g), 비건 김치 250ml, 식물성 기름 3~4큰술, 설탕 2작은술,
간장 1큰술, 참기름 1큰술, 다진 마늘 1작은술, 깨 약간, 대파 약간

- · - · - · - · - · - · - · - · - · - · - · - · - · - · - · - · - · - · - · -

1　두부를 도톰하게 썰어주세요. 단단한 두부를 사용하면 데치는 과정에서 많이 부서지지 않아요.

2　김치를 듬성듬성 잘라주세요. 사이즈는 취향에 따라서 조절합니다.

3　팬에 기름을 넉넉하게 두르고 지지듯이 김치를 중약불로 달달 볶아줍니다.

4　김치가 잘 볶아졌다 싶으면 설탕, 간장, 다진 마늘을 넣고 볶다가 마지막에 참기름을 두르고 섞어 완성합니다.

5　김치를 볶는 동안 냄비에 물을 끓여 두부를 넣고 데칩니다.

6　접시에 볶은 김치와 두부를 담고 채 썬 대파를 올려준 뒤 깨를 뿌려 완성합니다.

>　신김치를 쓴다면 단맛을 추가해줘야 맛이 잡힙니다. 많이 익지 않은 김치를 사용한다면 설탕량을 줄여주세요.

양념 곤약장

페스코 베지테리언 생활을 하다가 비건 지향을 시작한 한 친구는 가끔 해산물 생각이 난다고 했어요. 목마른 사람이 우물을 판다고 친구는 창의력을 발휘해 곤약으로 곤약 물회를 만들어 먹기도 하고, 곤약회 비빔밥을 해먹기도 하더니 어느 날에는 양념 곤약장을 선보였습니다. 밥 위에 얹어 슥슥 비벼 먹으니 별미였어요. 원래 쓰던 재료가 아닌 식물성 재료를 사용해서 먹고 싶던 음식을 만들어 냈을 때의 희열은 요리하는 비건이라면 다들 공감할 거예요. 양념 곤약장을 먹으며 친구들은 다 같이 환호했습니다. 그 희열은 단순히 먹고 싶은 음식을 먹어서만이 아니라 내가 지향하는 바를 지키면서 즐거움을 포기하지 않을 방법을 스스로 찾았다는 기쁨이기도 했어요. 그리고 그 기쁨은 여럿과 나눌수록 커지지요.

그 양념 곤약장을 맛보면서 안주가 풍성하기로 유명한 술집에서 먹었던 어떤 안주를 떠올렸어요. 김에 오이와 두부, 젓갈을 싸먹는 음식이었는데 그게 그렇게 엄청난 소주 안주였거든요. 그래서 양념 곤약장으로 그 메뉴와 비슷한 구성의 한 접시를 만들어 봤어요. 술을 안 드시는 분들도 그냥 지나치지 말아 주세요. 그 술집에서 이 안주를 시킬 때면 공깃밥 추가가 필수였거든요. 따뜻한 밥에 곤약장을 슥슥 비벼서 오이, 두부와 함께 김에 싸서 먹으면 또 얼마나 맛있게요? 안주와 식사는 한 끗 차이에요.

필요한 도구
냄비, 강판, 핸드믹서

주재료
곤약 1팩(250g), 굵은소금 1줌, 오이 1/2개, 두부 200g, 식초 1큰술,
조미김 적당량, 청양고추 1개

양념 재료
양파 1/6개, 고춧가루 3큰술, 양조간장 2큰술, 맛술 1작은술, 매실청 1큰술,
설탕 1큰술, 참기름 1큰술, 다진 생강 1작은술, 다진 마늘 1작은술,
다진 파 1큰술, 통깨 1작은술

1 곤약에 굵은소금을 골고루 묻혀 20분 정도 둡니다. 곤약 특유의 비린 향은 빼고 간이 배어 들도록 하기 위한 과정입니다.

2 곤약을 절이는 동안 오이는 얇게 썰고, 두부는 끓는 물에 살짝 데쳐 작은 사이즈로 잘라둡니다.

3 양파를 강판이나 믹서에 갈고 양념 재료들을 섞어 양념장을 만듭니다.

4 수분이 빠진 곤약을 큼직하게 썰어 식초를 1큰술 넣은 끓는 물에 2분 정도 데쳐 찬물에 헹굽니다. 데친 곤약은 열기가 오래가니 손을 데이지 않게 조심하면서 열을 식혀주세요.

5 찬물에 씻은 뒤 물기를 뺀 곤약을 핸드믹서로 거칠게 갈아주세요. 너무 잘게 갈면 죽이 되니 질감이 느껴지도록 살짝만 갈아주세요. 핸드믹서가 없다면 칼로 듬성듬성 다진다고 생각하고 잘라도 됩니다.

6 준비해놓은 양념에 곤약을 섞으면 양념 곤약장이 완성됩니다.

7 접시에 두부와 오이, 양념 곤약장, 자른 김을 세팅하고 청양고추는 얇게 썰어 준비합니다. 김 위에 오이와 두부, 곤약장, 청양고추 한 조각을 올려 먹어요.

> 곤약장은 냉장고에 두고 며칠 먹을 수 있고 하루 정도 지나면 곤약에 양념이 배어들어 맛있어져요.

떡볶이와
볶음밥

한국인의 인기메뉴 떡볶이! 제게는 더욱 특별한 메뉴예요. 초등학교 이후 지금까지도 제가 좋아하는 음식 1위거든요. 학생일 때는 밖에서 매일같이 떡볶이를 사 먹다가, 성인이 된 후에는 스스로 만들어 먹으며, '집에서 만드는 떡볶이는 왜 밖에서 사 먹는 것 같은 맛이 나지 않는가'에 대한 연구를 틈나는 대로 해왔어요. 나름의 방식들을 조금씩 바꿔가며 탐구하던 중에도 친구들에게 저의 떡볶이는 맛있기로 소문이 나 있었지만, 뭔가 부족했어요. 국물을 내기도 하고, 참기름을 넣기도 하고, 채소를 볶기도 하다가 어느 순간 깨달았어요. 떡볶이는 보통 한 접시에 2~3,000원 정도 하는 메뉴이고, 분식집에서는 제가 시도해왔던 것보다 단순한 방식으로 조리한다는 것을요.

그렇게 제가 경험하고 맛보았던 떡볶이들을 떠올리며 다시 레시피를 만들어봤어요. 고추장과 설탕, 물엿은 좀 많다 싶을 만큼 넣고, 조미료 대신 채식 라면 스프를 살짝 넣는 것이 포인트예요. 먹고 나서 국물에 밥을 볶아 먹는 것은 필수 과정입니다. 이렇게 열정적으로 떡볶이를 연구하게 된 것은 비건 생활을 하면서 분식집에서 떡볶이를 사 먹을 수 없게 되어서예요. 사 먹는 게 제일 맛있는 음식인데 사 먹지 못하니 집에서 그 비슷한 맛을 내야만 했던 것이죠. 누가 만들어도 평타 이상은 나오는 간단한 떡볶이 레시피. 떡볶이를 좋아하는 사람이라면 누구나 솔깃할 거예요. 간식, 야식으로도 좋지만 저는 친구와 종종 소주를 한 잔 기울이며 '소떡소떡'하곤 한답니다.

2~3인분 기준

필요한 도구
냄비

주재료
떡(밀떡 or 쌀떡) 300g, 대파 1줄기, 사각 유부 6개, 양배추 100g, 채식 어묵 2장

양념 재료
물 500g, 고추장 3+1/2큰술, 간장 1+1/2큰술, 설탕 2+1/2큰술, 물엿 1큰술, 채식 라면 스프 1작은술(고춧가루로 대체 가능), 다진 마늘 1큰술, 후추 약간, 양파가루 1작은술•, 아주 고운 고춧가루 1큰술•

볶음밥 재료
밥 1공기, 참기름 넉넉히, 조미김 10g (도시락용 김 1~2팩)

- ‑

1 양배추는 1cm 정도 너비의 한입 사이즈로 잘라줍니다. 대파는 어슷썰기하고, 마늘은 다지고, 사각 유부와 채식 어묵은 원하는 사이즈로 자릅니다.

2 깊은 냄비에 물을 넣고 중불에 올립니다. 양념 재료들을 잘 풀어준 뒤 썰어놓은 재료들을 모두 넣습니다.

3 떡은 물에 한번 씻어서 넣고 중약불에서 눌어붙지 않게 저어가며 끓입니다. 국물 떡볶이로 먹고 싶다면 간을 보아서 어느 정도 맛이 우러났다 싶을 때 그대로 접시에 덜어 먹고, 조금 더 걸쭉한 분식집 떡볶이 스타일로 먹으려면 국물이 졸아들어 떡에 잘 묻을 때까지 15~20분 정도 약불에 끓여냅니다.

4 떡볶이를 먹고 국물이 남으면 밥과 참기름, 조미김을 넉넉히 넣고 볶아 먹습니다.

> 사리면을 넣고 싶을 때는 물의 양과 양념 재료의 양을 조금 늘려주세요. 다른 냄비에 사리면을 따로 끓인 후, 건져서 거의 마무리된 떡볶이에 넣고 섞으면 촉촉한 라볶이가 완성됩니다. 라면 사리도 좋고, 쫄면 사리를 넣어 먹어도 별미입니다.

감자 볶음탕

비건, 채식 생활을 하면서 정신적으로 더 건강해졌다는 경험담을 듣기도 하고, 마음 수양을 위해 식사를 조절하는 사람들도 있지만, 비건을 지향하는 사람들 대부분은 금욕생활을 하는 사람이 아닌 그저 평범한 사람들이에요. 당연히 스트레스를 풀어주는 칼칼하고 매콤한 음식, 먹으며 땀을 뻘뻘 흘릴 수 있는 음식이 필요합니다.

예전에 먹었던 진한 볶음탕의 맛이 한참 생각나던 날, 채소와 버섯을 듬뿍 넣고 감자 볶음탕을 만들어 봤어요. 살짝 기름지면서도 칼칼한 새빨간 국물, 그 속에서 부드럽게 익은 커다란 감자와 각종 채소를 호호 불어가며 먹다가 흰쌀밥에 국물을 더해 슥슥 비벼 한 입 떠먹으면 땀과 함께 스트레스도 풀리고 속도 든든히 채워지는 기분이에요. 똑같이 빨간 음식이지만 떡볶이는 가볍게 즐길 수 있다면, 감자 볶음탕은 여러 가지 채소가 듬뿍 들어가 묵직한 느낌이에요. 적은 양을 만들기는 쉽지 않은 음식이어서 친구들을 불러 여럿이 먹곤 하는데, 한번 만들어 두고 다시 데워가며 여러 번에 걸쳐서 먹어도 좋아요.

필요한 도구
냄비

주재료
감자 2~3개, 당근 1/2개, 양파 1개, 새송이버섯 1개, 느타리버섯 1줌,
팽이버섯 1팩, 마늘 5개, 청양고추 1개, 홍고추 1개, 청경채 1~2개,
다진 마늘 1큰술, 대파 1줄기, 떡 1줌

국물 양념 재료
고춧가루 3큰술, 식물성 기름 3큰술, 고추장 3큰술, 양조간장 4큰술, 설탕 2큰술,
물엿 1큰술, 맛술 1큰술, 소금 약간, 후추 약간, 참기름 약간, 물 600~700ml

- -

1   감자, 당근, 양파, 버섯들은 큼지막하게 썰고, 마늘 5개를 칼 옆면으로 눌
　　러 줍니다. 대파, 청양고추, 홍고추는 어슷썰기하고 청경채는 반으로 자
　　릅니다.

2   속이 깊은 냄비에 기름을 두르고 고춧가루, 다진 마늘 1큰술, 파를 넣고
　　약불에 볶습니다. 고추, 마늘, 파 기름을 낸다고 생각하면 됩니다. 불이 세
　　면 고춧가루가 금방 탈 수 있으니 조심하세요.

3   양파와 감자, 당근, 칼로 누른 마늘을 넣고 잠시 볶다가 물을 자작하게 붓
　　고, 참기름을 제외한 나머지 양념 재료들을 모두 넣어 잘 풀어줍니다.

4   국물이 끓기 시작하면 새송이버섯, 느타리버섯을 넣습니다. 국물을 중약
　　불에 뭉근히, 감자가 다 익을 때까지 끓입니다. 감자가 익어 잘 부서진다
　　싶으면 떡과 팽이버섯을 넣어 같이 익힙니다.

5   모든 재료가 다 익고 간이 맞으면 썰어 놓았던 청양고추, 홍고추, 청경채
　　를 얹어 저은 뒤 참기름을 한 바퀴 둘러 완성합니다.

채소 절임

야식이나 안주로 즐기는 음식 중에 자극적이거나 기름진 것이 많기는 하지만, 모두 다 그런 것은 아니에요. 그리고 꼭 어떤 특정한 음식이 안주가 되어야 한다는 법은 없죠. 저는 만들어 놓았던 밑반찬 하나를 꺼내 놓고 친구와 술을 주거니 받거니 합니다. 묵직하고 포만감이 있는 안주를 겸하면 왠지 부어라 마셔라 해야 할 것 같은 기분이 드는데 가벼운 안주를 두고 마시면 술도 잔잔히 즐기게 되거든요. 그렇게 둘 혹은 셋이서 조용히 이야기를 나누거나, 혼자 이런저런 생각에 잠겨 보내는 시간은 큰 웃음이 터지는 활기 넘치는 술자리와는 다른 편안함이 있어요. 차갑게 먹는 일본식 절임 음식들이 특히 반찬과 점잖은 안주를 겸할 수 있는 그런 음식인 것 같아요.

집에 있는 양념들로 쉽게 만들 수 있는 채소 절임은 한 조각 맛보면 새콤 짭조름한 맛이 입안에 가득 퍼져요. 여름에 특히 잘 어울리지요. 마침 토마토와 가지도 여름에 맛이 있는 채소들입니다. 연근이나 오이 등 다른 채소들을 활용해도 좋으니 만들어 두고 입맛이 없을 때나 반찬이 필요할 때 조금씩 꺼내 드세요. 냉소바나 냉우동 같은 차가운 면 요리에도 잘 어울립니다.

필요한 도구
냄비, 밀폐용기

주재료
완숙 토마토 1개, 가지 1개, 깻잎이나 시소 1장(장식용)

절임 소스 재료
물 200 ml, 다시마 4조각, 간장 3큰술, 미림 2큰술, 식초 1큰술, 설탕 2큰술,
생강가루 or 다진 생강 약간●

1 토마토와 가지를 잘 씻어서 준비합니다. 얼음물과 끓는 물을 각각 준비
합니다. 냄비에 물이 끓는 동안 토마토는 아랫 부분에 십자 모양으로 살
짝 칼집을 내줍니다.

2 냄비에 물이 끓어오르면 칼집 낸 토마토를 넣고 20~30초간 데칩니다.
껍질을 벗겨내기 위한 과정인데, 토마토의 상태에 따라 데치는 시간을 조
절해주세요. 칼집 낸 곳의 껍질이 살짝 벌어진다 싶으면 재빨리 체로 건
져내 준비해놓은 얼음물에 토마토를 넣어 식힙니다. 너무 오래 익히면 토
마토가 흐물흐물 부서지니 유의하세요.

3 토마토가 식으면 껍질을 살살 벗겨냅니다. 껍질을 벗겨내면 절여진 후에
식감이 매끄럽고, 맛도 더 잘 배어들어요.

4 가지는 칼집을 촘촘히 내고 적당한 사이즈로 잘라 팬에 기름을 두르고 노
릇노릇하게 굽습니다.

5 작은 냄비에 절임 소스 재료를 모두 넣고 한 번 끓인 뒤 식혀둡니다. 소스
가 식으면 다시마는 건져냅니다.

6 밀폐용기나 밀폐되는 실리콘 백에 토마토와 가지를 담고 식힌 절임 소스
를 부어주세요. 절임 소스에 재료가 모두 잠기도록 적당한 사이즈의 용기
를 선택합니다. 채소 절임은 냉장고에 넣어 3시간 이후부터 먹을 수 있지
만 하룻밤 지나서 먹으면 맛이 더 잘 배어들어 있을 거예요.

> 채소를 건져 먹고 남는 국물은 채소에 드레싱처럼 부어 먹어도 시원하
고 맛있어요.

버섯 가라아게

꿈에서 어떤 음식을 무심코 먹다가 갑자기 이게 비건이 아니라는 생각에 놀라 깬 경험이 몇 번 있어요. 현실에서는 항상 내가 무엇을 먹는지 확인하고 먹는데 꿈속의 나는 무의식적으로 먹다가 화들짝 놀라는 거예요. 제 주변의 비건 친구들과 이야기해 보니 그런 꿈을 꾸었던 친구들이 많았어요. 아마 다들 실수하지 않으려 노력하며 지내기에 그런 꿈을 꾸는 것 같아요. 한 친구는 이 버섯 가라아게가 그런 느낌의 음식이었대요. 한 입 먹어 보면 비건 음식이 맞는 건지 한 번 더 생각하게 되는 음식 말이에요.

가라아게는 비건이 되기 전에 맥주에 곁들여 먹기 좋아하는 메뉴였어요. 겉은 바삭하고 속은 촉촉한 뜨거운 튀김의 짭짤한 맛은 시원한 맥주에 자꾸만 손이 가게 만들죠. 버섯의 쫄깃함과 가지의 부드러움이 합쳐지면 훌륭한 질감이 나올 것 같아 시도해 보았는데 결과는 성공적이었어요. 원래의 조리법에서 재료만 바꾸었을 뿐인데 정말 비슷한 맛이 났거든요. 이렇듯 일상의 메뉴를 비건화하는 것은 크게 어려운 일이 아니에요. 육식 재료만 빼내고 그 자리를 다른 채식 재료로 채운다고 생각하고 시도해보세요. 의외로 훌륭한 비건 음식이 탄생할 수도 있어요. 저도 어느 날 생각해낸 이 맛있는 요리를 언젠가 비건 술집을 열게 되면 메뉴에 넣을 생각입니다. 그런 날이 온다면, 꼭 한 번 드시러 오세요!

3~4접시 기준

필요한 도구
튀김용 냄비, 나무 주걱 or 숟가락

주재료
표고버섯 2개, 새송이버섯 2개, 느타리버섯 150g, 가지 1/2개,
튀김용 식물성 기름, 양배추 1/4개, 레몬 1개, 오리엔탈 드레싱(시판 드레싱
사용, 만드는 법은 조리 팁을 참조해주세요.)

절임 소스 재료
양조간장 2+1/2큰술, 미림 1큰술, 설탕 1/2큰술, 다진 마늘 2작은술,
다진 생강 1작은술, 소금 약간, 후추 약간

튀김옷 재료
전분가루 4큰술, 튀김가루 3큰술

1 버섯과 가지를 두툼하게 자릅니다. 표고버섯은 0.5cm 정도 두께로, 새송이버섯과 가지는 길이는 2cm 정도, 두께는 0.5cm의 네모 모양으로, 느타리버섯은 각각 떼어 절반 길이로 자릅니다.

2 잘라놓은 버섯과 가지를 접시에 담고 절임 소스 재료를 넣고 조물조물 골고루 무쳐 30분 가량 재워둡니다.

3 소스에 재운 버섯과 가지에서 수분이 빠져나와 국물이 생길 거예요. 그 상태로 전분가루와 튀김가루를 넣고 잘 섞어 10분 정도 둡니다.

4 깊은 냄비에 튀김용 기름을 부어 중불로 가열합니다. 180℃ 정도가 되면 (반죽을 한 방울 떨어뜨리면 바로 위에 떠오르는 정도) 긴 나무 주걱이나 숟가락으로 반죽을 한 덩어리 떠서 다른 주걱이나 숟가락으로 밀어 기름에 떨어뜨립니다. 이렇게 하는 이유는 각각 떨어져 있는 재료들을 한 덩어리로 튀기기 위해서예요.

5 색이 노릇노릇해지면 건져두었다가 기름 온도를 조금 더 올려 한 번 더 바삭하게 튀겨냅니다. 이때, 기름에 오래 두면 금방 탄 맛이 날 수 있으니 조심하세요.

6 양배추를 감자칼로 얇게 잘라 소복이 쌓아 곁들입니다. 양배추 샐러드에는 오리엔탈 드레싱을 뿌려주고, 버섯 가라아게에는 레몬즙을 살짝 뿌려 먹으면 더 맛이 있어요.

> 시판 치킨용 튀김가루(식물성 성분)를 사용하면 더 맛이 있어요.

> 시판 오리엔탈 드레싱 중 성분이 비건인 것을 사용하면 편리하지만, 직접 만들고 싶다면 간장 3큰술, 올리브유 2큰술, 설탕 1큰술, 식초 1큰술, 다진 마늘 1작은술, 깨 1작은술, 통후추 약간을 더해 잘 섞어주세요.

> 팀워크를 발휘할 수 있다면, 버섯 가라아게를 한 번 튀긴 뒤, 4등분한 라이스페이퍼를 찬물에 하나씩 적셔 튀겨 놓은 가라아게를 감싸 한 번 더 고온에 튀겨주세요. 물에 적신 라이스페이퍼가 너무 흐물해지기 전에 하나씩 바로바로 튀겨내야 하기 때문에 요리사가 한 명 더 필요하답니다.

오코노미야키

2019년 늦봄, 친구들과 도쿄로 여행을 갔었어요. '낯선 곳에서 비건으로 잘 챙겨 먹을 수 있을까?'하는 우려와 '도쿄의 비건 음식은 어떨까?'하는 기대가 섞여 출발 전 조사를 열심히 했어요. 당시 일본에서 비건에 대한 인식이 보편적이지는 않았지만 도시를 중심으로 조금씩 확산되는 중인 것 같았어요. 도쿄는 큰 도시인 만큼 중심지에서는 비건 음식점들을 많이 찾을 수 있었고, 편의점에서도 식물성 요거트나 식물성 음료 등의 제품들을 찾을 수 있었어요. 처음 경험해보는 외국의 비건 음식에 신이 나서 비건 피자, 비건 라멘, 일본 가정식, 양식, 디저트 등 열심히 찾아 먹다가 비건 오코노미야키를 판매하는 테판야키집이 있다고 해서 친구들과 들뜬 마음으로 찾아갔어요. 그런데 알고 보니 그 가게는 넓은 의미의 베지테리언 오코노미야키를 하는 곳이었고, 직원에게 문의하니 계란이나 치즈, 가츠오부시가 빠진 오코노미야키에 대해서는 당혹스러워했어요. 만들어줄 수는 있지만 맛이 없을 거라고요. 그래도 찾아갔으니 그렇게 해달라고 요청해서 먹었는데, 그의 말대로 맛이 없는 오코노미야키를 먹었고, 아쉬운 마음을 감출 수가 없었어요. 일본 여행 중 먹었던 음식 모두가 너무나 맛있었는데 그 오코노미야키만이 단 하나 아쉬움으로 남았죠.

그래서 집으로 돌아오는 길에 '만들려고 하면 충분히 맛있게 할 수 있을 것 같은데!'라는 생각이 들어 당시 매달 진행하던 팝업 레스토랑의 다음 메뉴에 비건 오코노미야키를 넣어야겠다고 결심했어요. 이 레시피는 그때 제가 만들었던 오코노미야키 레시피랍니다. 키리모찌(구워 먹는 찹쌀떡)를 넣어 구웠더니 마치 치즈처럼 쭈욱 늘어나는 쫄깃한 질감이 생겼고, 마를 갈아서 넣으니 계란을 대신해 촉촉하고 매끈한 질감을 더해줘 좋았어요. 키리모찌나 마가 없어도 충분히 맛있게 만들 수 있지만, 만약 구할 수 있다면 반죽에 추가해보세요.

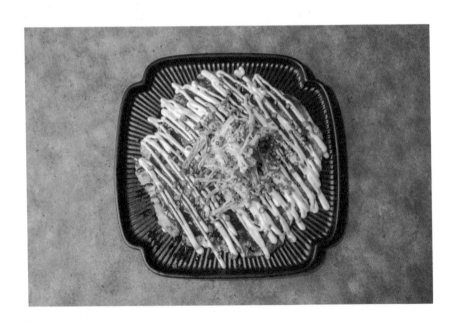

2접시 기준

필요한 도구
강판, 프라이팬

주재료
양배추 250g, 새송이버섯 1개, 쪽파 or 대파 50g, 마 80g*, 전분가루 100g,
부침가루 100g, 다시마물(혹은 물) 200g, 소금 약간, 팽이버섯 1/2팩*,
키리모찌 2개*, 식물성 기름

오코노미야키 소스 재료
시판 돈가스 소스(식물성) 2큰술, 토마토 케첩 1큰술, 시판 비건 우스터 소스 1큰술*,
식물성 마요네즈

1   양배추는 세척해 얇게 썰어주세요. 새송이버섯은 작은 사각형으로 썰고 쪽파는 쫑쫑 작게 썰어주세요. 쪽파의 파란 부분은 고명으로 조금 남겨 둡니다. 팽이버섯은 결결이 찢어 놓고 키리모찌가 있다면 4등분 해주세요.

2   마를 강판에 갈아주세요.

3   양배추와 버섯, 파, 마를 함께 잘 섞고 소금을 2~3꼬집 뿌려놓았다가, 전분가루와 부침가루, 물(다시마 물이면 더 좋아요)과 잘 섞습니다. 일반 부침개처럼 묽은 반죽이 아니라 재료에 걸쭉한 반죽이 묻은 정도의 느낌이에요.

4   팬에 기름을 넉넉히 부어서 가열하고, 찢어 놓은 팽이버섯에 전분이나 튀김가루 약간을 묻힌 뒤, 팬을 기울여 팽이버섯을 바삭하게 튀깁니다. 노릇하게 색이 나면 건져서 소금을 살짝 뿌려주세요. 팽이버섯 튀김은 고명으로 얹을 거예요.

5   같은 팬에 오코노미야키 반죽을 동그랗게 펼칩니다. 키리모찌가 있다면 가운데에 얹어줍니다.

6   어느 정도 잘 익었다 싶으면 뒤집어서 노릇하게 구워주세요. 반죽이 두꺼워 뒤집기 어려울 수 있어요. 부서지더라도 접시에 잘 합쳐 담기만 하면 되니 걱정하지 마세요.

7   구운 오코노미야키를 접시에 담고 식물성인 시판 돈가스 소스와 토마토 케첩, 비건 우스터 소스를 섞어 만든 오코노미야키 소스를 듬뿍 발라줍니다.

8   식물성 마요네즈를 골고루 뿌리고 준비했던 팽이버섯 튀김과 쪽파를 얹어 마무리합니다. 시원한 맥주와 함께 먹으면 더욱 맛있습니다.

맥앤치즈

축산업과 낙농업이 환경과 인간에게 미치는 영향, 그리고 인간이 그 산업 안에서 다른 동물들을 어떻게 다루고 있는지를 알게 되어 비건이 되었지만, 한동안은 치즈를 대체할 음식이 없다는 것이 힘들었어요. 몸에 밴 습관 같은 거겠죠. 치즈를 먹지 않는다고 아프거나 큰일이 나는 것도 아닌데 말이에요. 얼마 뒤 비건 치즈가 있다는 것을 알게 되었어요. 저처럼 치즈를 좋아하던 많은 비건들이 이미 오랫동안 연구하고 있었더라고요. 한국에서는 아직 다양하게 만들어지지 않고 있었던 터라 비건 치즈의 맛이 궁금해 유럽으로 여행을 떠났어요. 그곳에는 기업에서 만들어내는 식물성 치즈도 다양했고, 소규모로 비건 치즈 메이커들도 많이 있었어요. 새로운 세계에 눈이 번쩍 뜨였죠.

식물성 재료를 발효시켜 비건 치즈를 만들기도 하지만, 발효까지 하지 않아도 어렵지 않게 비건 치즈를 만드는 방법도 있었어요. 그리고 그 비건 치즈 덕분에 치즈가 들어가는 다양한 음식도 만들 수 있게 되었죠. 맥앤치즈는 치즈로 만드는 대표적이고 간단한 음식이에요. 저는 맛과 멋을 더하기 위해 버섯을 굽고 당근으로 베이컨을 만들어 곁들였지만, 비건 치즈와 마카로니 파스타면만 있어도 충분해요. 차가운 맥주와 비건 맥앤치즈는 환상의 짝꿍이랍니다.

필요한 도구
냄비, 프라이팬, 종이 포일

주재료
마카로니 파스타 150g, 비건 스모크 치즈 200g(p.324 참고), 두유 100ml,
새송이버섯 1개, 표고버섯 or 송화고버섯 1개, 소금 약간, 파슬리 or 쪽파 약간*,
비건 치즈가루(p.323 참고)*

당근 베이컨 재료
당근 1/2개, 아가베 시럽 1+1/2큰술, 간장 1큰술, 양파가루 1/4작은술,
마늘가루 1/4작은술, 스모크액 1/2작은술, 후추 약간, 식물성 기름 1큰술

----

1   냄비에 소금 1큰술을 넣고 끓여 파스타면을 삶습니다.

2   버섯들을 큼직하게 자르고 소금과 후추를 뿌려 노릇하게 구워주세요.

3   팬에 비건 스모크 치즈를 작게 잘라 담고 두유를 더해 녹여 비건 치즈 소
    스를 만듭니다.

4   익힌 파스타를 건져 치즈 소스에 잘 비벼주세요. 간이 모자라면 소금을
    조금 더해줍니다.

5   당근을 감자칼로 1mm 정도로 얇게 저며 양념 재료들과 섞어 20분 정도
    재워둡니다.

6   절여진 당근을 종이포일 위에 주름이 있게 펼치고 180~190℃로 예열
    한 오븐이나 에어프라이어에서 5분씩 뒤집어가며 2~3번 구워주세요. 타
    기 시작하면 순식간에 새카맣게 타니 주시하면서 탈 것 같으면 뒤집어 온
    도를 10℃ 낮춰가면서 구워주세요. 꺼내어 식히면 바삭한 당근 베이컨이
    됩니다.

7   비건 스모크 치즈 소스에 버무린 마카로니 파스타를 접시에 담고 구운 버
    섯과 조각낸 당근 베이컨, 쪽파나 파슬리, 비건 치즈가루를 뿌려 마무리
    합니다. 올리브유를 살짝 뿌려도 좋아요.

콜리플라워 튀김

언뜻 보면 브로콜리와 비슷한 생김새라 브로콜리의 하얀색 버전인가 싶었던 콜리플라워. 하지만 자세히 보면 겉의 질감도 다르고 맛도 완전히 달라요. 브로콜리와는 친척 격인 콜리플라워는 이름에서도 추측할 수 있듯이 꽃이 변형된 모습이에요. 송이 자체로 손에 가득 들어오는 부케 사이즈인 이 무거운 꽃은 슈퍼푸드로 각광을 받고 있다고 해요. 비건이 되기 전에는 직접 사서 요리해본 적이 없는 재료였는데 외국 레시피에 자주 등장하기에 구워서도 먹고, 튀겨서도 먹어봤어요. 브로콜리의 향이나 식감과는 다른 콜리플라워만의 매력이 있더라고요. 보슬보슬하게 갈아서 밥 대신 먹기도 하고, 삶은 뒤 곱게 으깨어 매쉬포테이토 대신으로 먹기도 한다니 한 가지의 채소를 먹는 방법도 무궁무진하죠?

배달 팝업 레스토랑 행사를 했을 때 이 콜리플라워 튀김을 판매했었어요. 제주도에서 콜리플라워가 나오던 시기라 신선한 재료를 배송받아 사용할 수 있었죠. 그날 제가 만들었던 음식 중에 가장 인기가 많았답니다. 비건을 지향하는 사람도, 비건이 아닌 사람도 모두가 좋아하는 것을 보면서 앞으로도 이런 음식을 만들고 싶다고 생각했어요. 그냥 맛있어서 먹었는데 알고 보니 비건인 음식 말이에요. 다양한 조리법으로 무궁무진하게 활용할 수 있는 채소는 겉보기엔 그렇게 안 보이는데 알고 보니 팔색조의 매력을 가진 사람 같아요. 그 다양한 매력을 앞으로도 잘 활용해서 맛있는 비건 음식을 많이 만들고 싶어요.

필요한 도구
냄비

주재료
콜리플라워 1/2송이(손질 전 400g 정도), 튀김가루 200g,
스모크 파프리카가루 1/2작은술*, 마늘가루 1/2작은술*, 후추 약간,
물 or 두유 300ml, 빵가루 250g, 소금 약간, 튀김용 식물성 기름,
식물성 마요네즈(p.320 참고), 비건 랜치 소스(p.321 참고)*,
비건 치즈가루(p.315 비건 치즈 참고)*

– · – · – · – · – · – · – · – · – · – · – · – · – · – · – · – ·

1 콜리플라워를 가지를 치듯이 작은 조각으로 잘라주세요. 자른 뒤 물에
   담가 세척합니다. 세척 후 건져 소금을 뿌린 후 잘 뒤적여둡니다.

2 튀김가루와 다른 가루류, 물이나 두유를 섞어 반죽을 만듭니다. 너무 묽
   거나 걸쭉하지 않도록 농도를 조절해주세요. 튀김옷 반죽에 소금을 1~2
   꼬집 넣어주세요.

3 손질해서 세척한 콜리플라워를 반죽에 넣어 골고루 반죽을 묻히고 빵가
   루를 입혀주세요.

4 깊은 냄비에 기름을 예열하고 180℃ 가량 온도가 오르면 콜리플라워를
   넣어 튀깁니다. 너무 많은 콜리플라워를 한 번에 넣으면 기름 온도가 떨
   어져 눅눅해질 수 있으니 유의해가며 바삭하게 튀겨주세요.

5 노릇노릇하게 잘 튀겨진 콜리플라워를 기름에서 건져낸 뒤 소금을 약간
   뿌려줍니다.

6 접시에 소복하게 담고 비건 치즈가루, 파슬리 등을 뿌립니다. 식물성 마
   요네즈나 비건 랜치 소스를 곁들이면 더 맛있어요. 원하는 소스와 함께
   즐기세요.

> 튀김가루, 스모크 파프리카가루, 마늘가루, 후추 대신에 시판 치킨용 튀
   김 가루(식물성 성분)를 사용하면 더 간단하게 만들 수 있어요.

같이 먹고 싶은 하루, 스페셜 요리

Just Cook Vegan!

식물성 고기
쌈밥 정식

특별한 날의 모임을 고깃집에서 많이 하는 이유에 대해서 개인적으로 생각해보았는데요. 육류를 특별하게 생각하는 인식도 있겠지만 여러 사람이 모여 불판을 중심으로 둘러앉아 함께 먹는 분위기를 만들고자 하는 한국 특유의 단체 문화도 있다는 생각이 들었어요. 각자 먹고 싶은 다른 식사 메뉴를 주문하면 음식이 나오는 데 시간이 걸리고 음식이 나올 때마다 무언가 분위기가 분산되는 느낌이 들잖아요. 그렇게 치면 고기는 음식을 한번에 쫙 깔아 놓고 앉자마자 '먹기 시작!' 할 수 있는 음식인 거예요.

그런 면에서 이 쌈밥 정식은 여럿이 모이는 날 간단히 만들어 풍성하게 먹기 좋은 음식이에요. 쌈 채소 위에 잘 구운 식물성 대체육과 파절이, 구운 마늘, 쌈장을 얹어 야무지게 싸서 먹으면 입안은 신선한 채소향과 고소함, 다양한 맛으로 가득 찹니다. 식물성 대체육과 양념을 미리 준비해두면 만드는 것도 금방이고 쌈 채소와 버섯, 마늘, 양파, 비건 김치 등 채소를 다양하게 많이 먹을 수 있어서 좋아요. 여기에 된장찌개를 곁들이면 더 풍성하고 배부르게 회식을 완성할 수 있습니다. 한 친구는 식물성 대체육을 다양하게 구비해서 판매하는 식물성 고깃집도 나왔으면 좋겠다고 했어요. 언젠가 식물성으로 단체 회식할 수 있는 규모 있는 음식점이 생긴다면 좋겠네요.

필요한 도구

프라이팬, 토치(선택 사항)

주재료

식물성 대체육 230g(언리미트 슬라이스 사용). 대파 2줄기, 마늘, 새송이버섯,
쌈채소와 풋고추, 쌈장, 소금 약간, 후추 약간

식물성 대체육 양념 재료

간장 2큰술, 연두 1큰술, 설탕 1큰술, 미림 1큰술, 참기름 1큰술, 고춧가루 1큰술,
다진 파 1큰술, 다진 마늘 1큰술, 후추 약간, 물 1~2큰술, 스모크액 1/2작은술•

- · - · - · - · - · - · - · - · - · - · - · - · - · - · - · - · - · - · -

1   쌈채소는 차가운 물에 잠시 담가두었다가 싱싱하게 살아나면 건져서 물
기를 잘 털어주세요. 풋고추를 곁들일 경우 함께 씻어둡니다.

2   식물성 대체육은 미리 해동해둡니다. 양념 재료도 섞어서 만들어주세요.

3   달군 팬에 기름을 두른 뒤 대파와 마늘, 버섯 등 곁들일 채소를 소금과 후
추를 뿌려 노릇하게 굽습니다.

4   같은 팬에 기름을 더 두르고 식물성 대체육을 구워요. 중불에서 겉이 바
삭해지도록 굽다가 약불로 줄이고 만들어둔 양념을 부어서 골고루 스며
들도록 뒤적이며 볶습니다. 양념이 금방 탈 수 있으니 팬이 과열되었다면
불을 끄고 볶아주세요. 양념이 모두 스며들면 다시 중약불로 불을 올리고
대체육의 겉이 꼬들꼬들해지도록 굽습니다. 양념이 탈 것 같으면 바로 불
을 끕니다.

5   잘 구운 대체육과 채소를 접시에 담고 쌈채소와 함께 차려내면 완성입
니다.

>   토치가 있다면 대체육 겉면을 골고루 스쳐간다는 느낌으로 한 번씩 구
워주면 숯불에 구운 듯한 향을 낼 수 있습니다. 토치를 사용할 때는 주
변에 불이 붙을 수 있는 물건이 없는지 조심해야 하고 팬이나 접시도 고
온과 직화를 견딜 수 있는 재질을 사용해야 해요.

채소 샤브샤브
(감자 한 덩이)

친구들과 '감자 한 덩이'라고 이름 붙인 이 채소 샤브샤브는 종종 보신하고 싶거나 속을 뜨끈하게 채우고 싶을 때 먹는 요리인데요, 비건이 되기 전 자주 먹었던 '닭 한 마리'라는 음식을 비건 버전으로 맛있게 만들어 먹으면서 붙이게 된 이름이에요. 특히 국물 안에서 포슬포슬하게 익은 감자를 마지막에 꼭 한 덩이 정도 남겨 죽을 끓여 먹는 것이 맛있는 '감자 한 덩이'를 먹는 요령이에요. 채소들을 데쳐 먹으면서 진국이 된 국물에 칼국수를 말아 먹고, 그 국물을 더 진하게 졸인 뒤, 감자를 부드럽게 으깨 밥과 함께 끓여 죽을 만들면 채소의 감칠맛이 농축된 궁극의 맛을 지닌 죽을 맛볼 수 있어요.

어떤 요리든 마지막엔 꼭 밥을 볶아 먹고 마는 것이 한국인의 특성이라고 하는데, 이렇게 맛있는 채수에 밥을 더하지 않을 이유가 없죠. 마지막 궁극의 죽을 먹기 위해 이 채소 샤브샤브를 먹는다고 해도 과언이 아니에요. 국물을 맛있게 만들겠다고 엄청난 양의 채소를 열심히 데쳐 먹고 칼국수도 삶아 먹다 보면 항상 포식을 하게 되지만, 그렇게 배불리 먹으면서도 속이 더부룩한 적은 한번도 없었답니다.

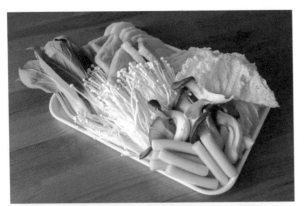

필요한 도구

넓은 샤브용 냄비, 휴대용 버너 or 인덕션

채수 재료

물 700ml~1L, 다시마 5~6조각, 건표고버섯 1줌, 대파 2줄기, 마늘 5알,
다진 마늘 1큰술, 국간장 1큰술, 연두 1~2큰술•, 소금, 후추, 감자 1~2개,
알배추 5~6장, 유부 4~5개, 두부 1/2모, 버섯 1접시, 청경채 등의 채소, 떡 약간,
칼국수 1인분(100g), 밥 1공기

양념장 재료

양파 1/2 개, 부추 50g, 고춧가루 1큰술, 간장 1/2 컵, 설탕 1큰술, 식초 3큰술,
다진 마늘 1큰술, 연겨자 1/2작은술, 물 1컵

- -

1 양념장을 미리 만들어 놓습니다. 간장 소스에 양파와 부추가 절여지면 더
  맛있어요.

2 채수 재료를 모두 섞어 약불에 끓입니다. 물의 양은 냄비에 따라 조절해
  주고 간은 살짝 싱거운 정도로 맞춰주세요. 나중에 많이 졸아들기 때문에
  싱겁게 시작해서 마지막에 간을 맞춥니다.

3 감자는 1cm 정도 두께로 도톰하게 썰고 다른 채소들도 건져먹기 좋은
  사이즈로 잘라주세요. 원하는 재료를 양껏 준비해서 취향대로 넣어 익혀
  먹으면 되니 재료는 자유롭게 준비해주세요.

4 버너에 채수가 담긴 냄비를 올리고 원하는 채소들을 익혀 건져 먹습니다.
  개인 접시에 만들어둔 양념장을 담아 찍어 먹으면 됩니다. 마지막 단계를
  위해서 익은 감자를 4~5 조각 정도 남기는 것을 잊지 마세요.

5 채소들을 건져 먹다가 채소에서 우러나온 국물 맛이 진해졌다 싶으면
  간을 맞추고 칼국수면을 넣어 익힙니다. 면을 건져 먹은 뒤, 면에서 나온
  전분으로 걸쭉해진 국물을 밥을 볶기 전 조금 더 졸여 진하게 만듭니다.

6 졸여진 국물에 밥을 넣고 남겨놓았던 감자를 으깨어 잘 섞습니다. 국자
  아랫부분을 이용해 감자를 으깨면서 밥과 살살 섞어주세요. 취향에 따라
  서 순후추를 뿌려 먹어도 맛있어요. 간이 부족하면 찍어 먹고 남은 양념
  장을 조금 섞어도 좋아요.

온소바와
아게다시도후

이 음식은 일하던 레스토랑에서 동료들과 스태프밀로 맛있게 먹고 나서 친구들과도 같이 먹고 싶어 만들었던 음식이에요. 제가 만들어 주었던 여러 가지 음식 중에서도 이 온소바와 아게다시도후를 특별히 더 맛있게 먹었다고 말해준 친구가 있어요. 사실 소바라는 음식을 그동안 그렇게 특별하게 생각하지 않았었는데 그 친구 덕분에 이 메뉴는 제 마음속에서도 아주 특별한 메뉴가 되었습니다.

소바하면 보통 시원한 음식이라 생각하는 경우가 많지만, 따뜻하게 먹는 온소바도 별미예요. 메밀은 찬 성질이 있으니 속을 차분히 하고 싶을 때는 따끈한 국물과 고소하고 부드러운 메밀면이 조화롭게 어우러지는 온소바의 맛을 즐겨보세요. 국수만 먹으면 뭔가 허전할 수 있는데 튀긴 두부를 곁들이면 속이 더 든든해집니다. 튀긴 두부에 쯔유를 곁들이는 아게다시도후는 안주로도 무척 좋은 메뉴랍니다.

필요한 도구
냄비, 체, 강판, 튀김용 냄비, 키친타월

주재료
소바면 3~4인분, 무 3cm 두께(초록 부분이 매운 맛이 덜해서 좋아요), 두부 1모,
대파 or 쪽파 2~3줄기, 전분가루 1/2 컵, 튀김가루 2/3컵, 물 2/3~1컵,
와사비 약간, 김가루*

쯔유 재료(p.332 참고)
간장 200ml, 미림 100ml, 물 400ml, 설탕 2큰술, 건표고버섯 1줌,
다시마 4조각, 대파 1줄기, 생강가루 약간*

1 두부 위에 편편한 접시와 누름돌 역할을 하는 물건을 올려 물기를 빼둡니다. 두부에 소금을 조금 뿌려 놓아도 좋아요.

2 냄비에 쯔유 재료를 모두 넣고 약불에서 끓입니다. 국물이 끓어오르면 15분 정도 끓이다가 불을 꺼둡니다. 따뜻한 상태에서 재료들의 맛이 계속 우러나올 거예요.

3 쯔유가 끓는 동안 무를 강판에 갑니다. 무의 껍질을 칼이나 감자칼로 벗겨내고 강판에 곱게 갈아주세요. 그러고 나서 간 무를 체에 밭쳐 물을 한 컵 정도 부어주면 무의 매운맛이 조금 빠집니다.

4 체에 남은 무를 짜서 물기를 뺀 뒤 원하는 모양으로 뭉쳐주세요. 소바와 아게다시도후 위에 얹어 곁들일 거예요. 간 무가 곁들여지면 쯔유 국물이 한층 개운하고 맛있어집니다.

5 물기를 뺀 두부를 큼직한 네모 모양으로 자르고 키친타월로 물기를 한 번 더 제거합니다. 그리고 튀김가루에 물을 섞어서 튀김옷을 만드세요. 두부를 전분가루에 굴린 뒤 튀김옷을 골고루 입혀 180℃ 온도가 오른 기름에 바삭하게 튀깁니다.

6 소바면을 삶아서 체에 건진 뒤, 물에 헹궈 전분기를 뺍니다.

7 쯔유 국물을 다시 데우고 물을 부어서 간을 맞춰주세요.

8 접시에 소바면을 담고 간 무와 쫑쫑 썬 대파나 쪽파와 김가루를 얹은 뒤 따뜻한 쯔유를 부어줍니다.

9 작은 접시에는 튀긴 두부를 담고, 간 무와 썬 대파나 쪽파를 올리고 따뜻한 쯔유를 부어주세요. 아게다시도후에 곁들이는 쯔유는 물을 좀 더 섞어 간을 약하게 해서 먹습니다.

탄탄멘

탄탄멘은 매운 음식으로 유명한 중국 사천 지역의 토속음식이 일본에서 대중화되면서 널리 퍼진 음식이라고 해요. 원래는 비벼 먹는 스타일의 국물이 없는 국수였는데, 변형되면서 라멘처럼 국 물이 생겼고요. 비건이 되기 전에 일본을 여행하며 맛본 탄탄멘 은 겉모습과 달리 그리 맵지는 않았고, 참깨 페이스트나 땅콩버 터가 들어간 고소한 맛의 라멘이었어요. 비건이 된 후에는 일본 비건 체인 음식점에서 비건 탄탄멘을 처음 먹어보았는데 비건 라멘을 즐길 수 있다는 것 자체만으로도 좋았던 기억이 나요.

한국에 돌아와서도 그 맛에 대한 그리움이 있었는데 예전에 일 했던 레스토랑에 놀러갔다가 그날의 스태프밀이 마침 탄탄멘이 어서 사장님께 비건으로 만들 수 있는 레시피를 얻을 수 있었어 요. 그 레시피를 기반으로 여러 번 만들어보면서 지금의 레시피 를 개발했고, 친구들에게 대접할 때마다 다들 맛있게 먹어주곤 했죠. 소스와 다른 재료들을 준비해 놓으면 면만 삶아서 빨리 낼 수 있는 것도 이 메뉴의 장점이에요.

필요한 도구

냄비, 체

주재료

느타리버섯 50g, 표고버섯 2개, 대파 5cm, 숙주 100g, 다시마 3~4조각,
건표고버섯 1줌, 물 500ml, 식물성 기름 약간, 다진 마늘 1/2작은술, 간장 1큰술,
비건 스리라차 소스 1작은술, 참기름 1/2큰술, 청경채 2개, 라멘면 2인분,
두유 or 식물성 음료 250ml

국물 소스 재료

비건 두반장 소스 1큰술, 간장 2큰술, 땅콩버터 2큰술, 설탕 1작은술,
식초 1작은술, 참기름 1큰술, 고추기름 1큰술, 다진 마늘 1작은술

1 채소를 먼저 손질해주세요. 느타리버섯은 큰 것은 반으로 찢고 표고버섯은 작게 썰어주세요. 파는 흰 부분 위주로 썰고, 숙주는 잘 헹궈 체에 밭쳐둡니다.

2 냄비에 기름을 두르고 느타리버섯을 볶습니다. 소금과 후추를 뿌려 간을 해주세요.

3 느타리버섯을 덜어내고 다진 표고버섯을 넣고 볶습니다. 노릇하게 볶이면 다진 마늘과 간장, 스리라차 소스, 참기름을 넣고 약불에서 볶습니다. 살짝 눌어붙어도 상관없어요. 나중에 같은 냄비에 채수를 내면 눌어붙은 맛있는 부분도 국물에 같이 녹아 들어갈 거예요. 잘 볶은 표고버섯도 접시에 덜어 놓습니다.

4 같은 냄비에 물, 다시마, 건표고버섯을 넣고 약불에 끓이며 채수를 냅니다. 물이 끓어오르면 10분 정도 끓이다가 버섯과 다시마에서 맛이 더 빠져 나오도록 불을 끄고 잠시 둡니다.

5 채수가 만들어지는 동안에는 국물 소스를 만듭니다. 만들어진 채수에 두유와 소스를 넣고 잘 섞습니다. 간을 보고 짜거나 싱거우면 두유를 추가하거나 소스를 더해서 간을 맞춥니다.

6 다른 냄비에 물을 끓이고 소금을 1큰술 넣은 뒤, 청경채와 숙주를 살짝 데쳐서 건집니다. 숙주는 과하게 익지 않게 데쳐낸 후에 찬물에 헹궈 체에 밭쳐두세요.

7 채소들을 데쳐낸 냄비에 물을 좀 더 부어 팔팔 끓인 후, 면을 익힙니다. 면이 익으면 체에 건져 물기를 잘 털어서 접시에 담습니다.

8 만들어둔 국물을 한 번 더 데워서 접시에 부어주세요. 데친 숙주와 청경채, 볶은 버섯과 파를 얹고 고추기름을 위에 조금 더 뿌리면 완성입니다.

> 국물의 맛이 진하다 보니 얇은 면보다 도톰한 면이 잘 어울려요. 생라멘 면을 사용하는 것이 제일 좋은데, 달걀을 사용하지 않은 라멘면을 찾는 것이 쉽지 않기도 해서 구할 수 없다면 칼국수면이나 도톰한 라면 사리를 이용하는 것도 좋아요.

비건
지라시스시

길에서 나누어주는 광고물들을 가리켜 '찌라시'라고 부르곤 하죠. 그 말은 원래 '지라시ちらし(散らし)'라는 일본어로 '흩뿌린다'라는 뜻을 가지고 있어요. 초밥의 밥을 아래에 넓게 깔고 그 위에 다양한 초밥 재료들을 흩뿌려 얹은 음식이 바로 지라시스시예요. 다양한 재료들이 알록달록 올라와 있는 모습이 마치 봄의 꽃밭을 떠오르게 하는데요. 일본에서는 3월 3일의 마츠리(축제)에서 먹는 음식으로 유명하다고 해요. 지역마다 집집마다 다른 재료들을 얹어 특색 있게 만들어내기도 하고요.

비건 초밥도 자주 만들어 먹는 편이지만, 손으로 쥐어 만드는 과정 하나하나에 시간과 노력이 많이 들어가서 이런 간단한 방식으로 만들어 먹을 때가 많아요. 다양한 색으로 예쁘게 장식할 수 있는 것이 즐겁기도 하고요. 화사하게 소풍 기분을 내고 싶을 때 도시락으로 싸가기도 좋고, 케이크를 그렇게 좋아하지 않는 친구의 생일 케이크 대용으로도 좋아요. 화려한 모양새 때문에 언제나 인기 만점이랍니다.

필요한 도구

냄비, 프라이팬, 토치, 석쇠

주재료

파프리카 1개, 새송이버섯 2개, 아보카도 1개, 두부면 1팩, 쿠스쿠스 50ml,
밥 3공기, 와사비(취향에 따라서), 무순, 깻잎 or 김 가늘게 썬 것 약간•, 락교•

파프리카 절임액 재료

간장 2큰술, 미림 2큰술, 설탕 1작은술, 물 2큰술

버섯 양념 국물 재료

물 250ml, 연두 1큰술, 소금 1/2작은술, 다시마 4조각

두부면 양념 재료

블랙 솔트 or 소금 약간, 후추 약간, 강황 1/4작은술

쿠스쿠스 양념 재료

당근 주스 or 물 100ml, 소금 1/2작은술, 연두 1작은술, 식초 1작은술,
올리브유 2큰술(1큰술은 끓이는 양념에, 1큰술은 나중에 넣는 용도), 간장 1작은술

초대리 양념 재료

식초 3큰술, 설탕 2큰술, 소금 1큰술

1 불 위에 석쇠를 올리고 빨간색 파프리카를 골고루 돌려가며 겉을 까맣게 태웁니다. 새까맣게 태운 뒤에 찬물에 담가 껍질을 벗겨내면 깨끗하게 벗겨지고 파프리카의 질감이 부드러워져요.

2 껍질을 벗긴 파프리카를 사각형 모양으로 썰어주세요. 새송이버섯은 1cm 두께로 도톰하게 썰고, 아보카도도 사방 1cm 정도의 작은 사각형 모양으로 썹니다. 두부면은 물에 헹군 뒤, 체에 밭쳐 물기를 빼고 듬성듬성 썰어둡니다.

3 냄비에 파프리카 절임액 재료를 모두 섞고 한번 부르르 끓어오르게 한 뒤 식힙니다. 절임액에 자른 파프리카를 담가서 1시간 정도 두세요. 더운 날에는 뚜껑을 덮어 냉장고에 넣어두어도 좋아요.

4 새송이버섯은 양념 국물과 냄비에 넣고 5분 정도 졸입니다. 버섯이 양념을 흡수하면 꺼내서 불에 안전한 식기 위에 놓고, 토치로 겉을 그을립니다. 쫄깃하고 훈제향이 도는 버섯이 돼요.

5 두부면은 기름을 두른 팬에 넣고 수분을 날리듯이 잘 볶다가 삶은 달걀 향이 나는 블랙 솔트나 소금과 후추로 간을 하고, 강황을 조금 추가해서 색을 노랗게 냅니다.

6 쿠스쿠스는 재미있는 식감을 내 줄 거예요. 당근 주스와 소금, 연두, 식초, 올리브유 1큰술을 섞어 냄비에서 끓여요. 끓어오르면 불을 끄고 쿠스쿠스를 넣어 섞고 뚜껑을 덮어 둡니다. 3분 후에 간장 약간과 올리브유 1큰술을 넣고 약불에서 뒤적이면서 3분 더 데워주세요.

7 진밥보다는 고두밥 같이 밥알이 살아 있는 것이 초밥용으로 좋아요. 초밥용 밥을 만드는 양념을 단촛물(초대리)이라고 하는데 식초, 설탕, 소금의 비율을 3:2:1로 해주세요. 설탕과 소금이 잘 녹도록 저은 뒤 뜨거운 밥에 단촛물을 골고루 붓고 주걱으로 가르듯이 잘 섞어주세요. 처음에는 단촛물이 많은 것 같지만 섞다 보면 뜨거운 밥에 의해서 식초의 신맛이 날아가고 양념이 밥에 흡수되면서 촉촉하고 찰진 밥이 될 거예요. 잠시 식혀둡니다.

8 넓은 접시에 한 김 식힌 밥을 깔고 그 위에 두부면 볶음을 골고루 깔아요. 그리고 그 위에 색색의 재료들을 골고루 얹어주세요.

생선 없는 생선가스와 타르타르 소스

몇 년 전 일본 여행 중, 긴자에 위치한 비건 레스토랑에서 생선 없는 생선가스를 맛본 적이 있어요. 약간 미끈하면서도 부서지는 질감이 생선과 흡사하더라고요. 메뉴 설명에 나와 있던 재료는 감자와 참마였는데 맛과 식감에 대한 기억을 더듬어 집에서도 비건 생선가스를 만들어보았어요.

결론적으로 말하면 완벽하게 만드는 데는 성공하지 못했어요. 잘 익은 감자에서 부서지는 질감이 날 것 같았는데 수분을 날리고 포슬포슬하게 익혀도 다른 재료와 뭉쳐서 튀기면 항상 찐득한 질감이 나와서 요리조리 비율을 바꿔보다가 결국 감자를 빼버리기로 했어요. 잘 알지도 못하는 레시피에 얽매여 답을 찾기 위해 계속 헤매는 것은 그만두고 나만의 레시피를 만들어야겠다는 생각이 들었거든요. 단 한 번의 경험에 의존해 비슷한 음식을 만들어보려고 했으니 무모하기도 했죠. 다른 재료로 범위를 넓히니 가능성이 훨씬 많아졌어요. 결국 마와 버섯, 병아리콩을 사용해 만들기로 했죠. 완전히 미끄러운 상태도, 부드러운 상태도 아닌 그 중간 정도로 마를 익혀서 질감이 남아 있을 정도로 다지는 게 이 레시피의 포인트예요. 추억의 그 맛을 재현하지는 못했지만 저만의 요리 레시피를 얻었기에 만족해요.

필요한 도구
냄비, 튀김용 냄비, 핸드블렌더 or 다지기

주재료
느타리버섯 100g, 삶은 병아리콩 100g(통조림 가능), 참마 100g,
다시마가루 1작은술(곱게 간 김가루로 대체 가능), 소금 1/2작은술, 연두 1작은술,
후추 약간, 밀가루(박력분) 4큰술(튀김용으로 조금 더 준비), 김밥용 김 1~2장,
튀김가루 250ml(전분 가루나 밀가루로 대체 가능), 빵가루 2컵,
식물성 기름 600ml

타르타르 소스 재료
양파 1/6개, 오이 피클 2큰술, 케이퍼 1큰술, 레몬즙 1큰술,
식물성 마요네즈 100 ml, 건파슬리 or 딜 1/2작은술, 소금 약간, 후추 약간

1   느타리버섯은 손으로 찢은 다음, 핸드블렌더로 질감이 남아 있게 다져주세요. 너무 곱게 다지면 버섯에서 물이 나오면서 질어지기 때문에 짧게, 질감이 남아 있게 다져주는 것이 중요해요.

2   병아리콩은 전날 물에 불려 놓았다가 삶거나, 통조림의 경우 체에 건져 물에 한번 헹궈주세요. 물기를 잘 털고 포크로 듬성듬성 으깨줍니다. 너무 곱게 으깰 필요는 없어요.

3   참마는 껍질을 벗기고 듬성듬성 썰어서 끓는 소금물에 5~7분 삶아 건진 뒤, 물기가 좀 마르면 질감을 살려 큼직하게 다집니다.

4   깊은 볼에 버섯, 병아리콩, 참마, 다시마가루, 소금, 연두, 후추, 밀가루를 분량대로 넣고 잘 섞어주세요. 수분이 되도록 적게 만드는 것이 포인트입니다. 반죽이 질어지면 튀겼을 때 질감이 잘 나오지 않아요. 뭉쳐질 정도로만 수분이 있으면 적당해요.

5   섞은 것을 납작한 네모 모양으로 만들어 밀가루를 뿌린 쟁반에 놓습니다.

6   모양을 잡은 반죽 위에 김을 잘라서 붙입니다. 김을 붙이는 이유는 외형적인 이유도 있지만 바다의 맛과 향을 추가하기 위해서예요.

7   튀김가루를 물에 개어 튀김옷을 만듭니다. 김을 붙인 반죽에 밀가루를 묻혀 살살 털어낸 뒤 뒤집개를 이용해 조심히 들어 튀김가루 반죽에 넣었다가 건져 냅니다. 그 다음, 빵가루를 손으로 덮어 눌러가며 골고루 떨어지지 않게 잘 묻힙니다.

8   빵가루까지 묻힌 반죽을 180℃로 가열한 기름에 넣고 튀깁니다. 반죽이 납작하기도 하고 잘 부서질 수 있는 질감이라 기름을 튀김이 잠길 정도로만 얕은 깊이로 담아 튀기는 것이 좋아요. 색이 노릇노릇하게 골고루 나고 속까지 잘 익었다 싶으면 건져서 키친타월 위에 얹어 기름을 뺍니다.

9   비건 타르타르 소스를 곁들입니다.

>   참마의 점액이 피부에 닿으면 간지러울 수 있으니 만지고 나서 빨리 손을 씻어주세요. 혹시 마에 알레르기가 있다면 재료에서 제외하고 같은 양을 버섯으로 대체해주세요.

프렌치
어니언 스프

양파는 볶으면 볶을수록 색은 진해지고 부피는 줄어들면서 단맛이 강해지는데요, 이 현상을 캐러멜라이징이라고 불러요. 그리고 프렌치 어니언 스프는 캐러멜라이징을 이용한 대표적 요리예요. 양파를 완전히 캐러멜라이징하는 데에 시간이 오래 걸리다 보니 조금이라도 더 빠르게 캐러멜라이즈하기 위해서 양파를 최대한 얇게 써는데요, 얇게 썰려 냄비에 가득 찼던 양파가 어디까지 줄어드는지 보면 정말 놀라워요. 그래서 이 음식은 조리법은 단순하지만, 정성과 시간이 정말 많이 들어가는 참 특별한 음식이에요. 찬바람이 부는 날이나 눈이 오는 날, 몸이 으슬으슬한 날에 한 접시 먹으면 몸이 뜨끈뜨끈해지면서 묵직하게 몸을 보할 수 있어요.

프렌치 어니언 스프를 맛있게 만드는 것은 오직 양파를 잘 볶는 데 달려 있어요. 1시간 가까운 시간 동안 불 앞을 떠나지 않고 볶아줘야 하는데, 끝날 때까지 끝난 것이 아니라는 생각으로 '이만하면 되지 않았나'하는 유혹을 세 번 정도 무시하면서 오랜 시간 볶아야 합니다. 마음가짐이 너무 거창한가요? 하지만 한 번 만들어 보면 그게 무슨 말인지 알게 될 거예요. 그리고 한번 맛보고나면 그런 노력이 하나도 아깝지 않은 맛이라는 것도 알게 될 거예요.

2~3인분 기준

필요한 도구
프라이팬, 오븐(선택사항)

주재료
양파 3개, 식물성 기름 3~4큰술, 물 500~600ml, 채수 스톡 큐브 1개,
설탕 1큰술, 후추 약간, 바게트 빵 2조각, 비건 스모크 치즈 100g(p.324 참고),
파슬리나 쪽파 약간(장식용)

---

1   양파의 껍질을 벗기고 반으로 자른 뒤 얇게 채 썰어주세요.

2   팬에 식물성 기름을 두르고 양파를 볶아주세요. 설탕을 1큰술 더하면 양
    파의 캐러멜라이즈를 조금 더 빠르게 만들 수 있어요. 하지만, 넣지 않고
    볶아도 상관없어요.

3   팬에 양파를 넓게 펼쳐서 살짝 노릇하게 눌어붙으면 눌어붙은 부분을 양
    파의 수분으로 닦아낸다는 느낌으로 볶아주세요. 양파의 색이 노릇해지
    다가 갈색이 되고 계속 졸아들어 초콜릿과 같은 갈색이 될 거예요. 시간
    과 여유를 두고 중약불에서 천천히 오래 볶아주세요.

4   물에 채수 큐브를 잘 풀어주세요. 진한 갈색 빛이 나는 볶은 양파에 채수
    큐브를 푼 물을 붓습니다. 물을 너무 많이 부으면 진하게 응축한 양파의
    맛이 옅어질 수 있으니 조금씩 넣어가면서 맛을 맞춰주세요. 프렌치 어
    니언 스프에는 맑고 연한 채수보다는 채수 큐브를 푼 물처럼 감칠맛이
    강한 채수를 사용하는 것이 좋아요. 후추를 약간 뿌리고 간을 맞춥니다.

5   아무 것도 두르지 않은 팬에 자른 바게트 빵을 바삭하게 굽습니다.

6   선택 사항이지만 고전적으로 프렌치 어니언 스프에는 빵과 치즈를 얹어
    오븐에 구워 먹곤 해요. 완성된 스프를 오븐에 넣을 수 있는 그릇에 담은
    뒤 구운 빵과 비건 스모크 치즈를 얹어 180℃의 오븐에서 치즈에 색이
    나도록 구워주세요. 오븐에서 꺼낸 스프에 파슬리나 쪽파 등의 허브와 올
    리브유를 살짝 둘러 마무리합니다.

버섯 크림
스프와 파스타

진하고 꼬릿한 맛의 크림 파스타는 비건으로 맛보기 어려울 거라 생각하기 쉽지만, 그렇지 않아요. 예전에는 포기해야 한다고 생각했던 맛과 음식도 식물성으로 거의 구현할 수 있게 됐어요. 발전된 기술들이 이미 존재하고 또 더 연구해 찾아낼 능력이 충분히 있는데 본격적으로 시도하지 않았을 뿐이죠. 비거니즘을 실천하는 목적이나 계기가 음식의 맛과는 크게 상관이 없지만, 비건 음식의 맛이 향상되면 비거니즘의 실천과 확산에는 큰 도움이 될 수 있을 거라 생각하기 때문에 이 분야에 더 많은 사람들이 관심을 가지고 연구하고 투자하면 좋겠다는 생각을 해요.

버섯 크림소스로 만든 이 스프와 파스타는 비건이 아니던 때 먹었던 고급 스프나 파스타와 비교해도 아쉽지 않은 맛 때문에 제가 제일 좋아하는 레시피 중 하나예요. 조리법도 그렇게 복잡하지 않고 비건 치즈나 비건 버터가 없어도 정말 맛있게 만들 수 있거든요. 단지 특별한 재료가 하나 필요한데, 바로 말린 포르치니 버섯이에요. 포르치니 버섯은 가격대가 높기는 하지만 강한 맛과 향을 지녔어요. 포르치니 버섯을 구할 수 없다면 말린 표고버섯이나 송화고버섯 같은 향이 강한 다른 버섯을 사용해서 만들어도 좋아요.

3~4인분 기준

필요한 도구
프라이팬, 냄비, 핸드블렌더 or 믹서기

주재료
양파 1/2개, 마늘 4~5개, 표고버섯 3개, 양송이버섯 5개, 새송이버섯 1개,
미림, 청주 or 화이트 와인 약간*, 소금 약간, 후추 약간, 채수 1컵 or 물 1컵과
스톡 큐브 1개, 간장 1큰술, 설탕 1작은술, 뉴트리셔널 이스트 1큰술,
두유 250ml~400ml(스프/파스타에 따라서 농도 조절), 굵은소금 1큰술,
파슬리 약간*, 올리브유 약간, 파스타면(페투치네, 링귀네 등 넓은 면)

버섯크림 소스 재료
캐슈넛 100g, 말린 포르치니 버섯과 말린 표고버섯 섞어서 10g, 물 300ml

1 캐슈넛 100g은 전날 2배 이상의 물에 넣어 불려 놓습니다. 밀폐용기에 담아 냉장고에서 불려 주세요. 말린 버섯에 끓인 물 300ml를 부어 버섯의 맛이 우러나오도록 20분 정도 둡니다.

2 불린 버섯과 버섯물, 캐슈넛을 함께 넣고 믹서기나 핸드블렌더로 아주 곱게 갈아주면 버섯 크림이 만들어집니다.

3 양파는 작은 사이즈로 다지고 마늘은 편으로 썰어주세요. 버섯은 슬라이스하거나 작은 사이즈로 잘라둡니다.

4 달군 팬에 기름을 두르고 다진 양파와 마늘을 넣고 볶습니다. 마늘과 양파가 노릇하게 잘 볶아지면 손질해둔 버섯을 넣고 같이 볶아주세요. 미림이나 청주, 화이트 와인이 있다면 1~2큰술 정도 넣고 볶아 알코올을 날립니다. 소금과 후추로 간을 해주세요. 버섯이 노릇하게 잘 볶아지면 절반은 가니쉬 용도로 접시에 덜어둡니다.

5 볶은 재료가 남아 있는 팬에 **2**를 넣고 채수나 채수 큐브를 녹인 물 1컵을 넣고 끓입니다.

6 간장과 설탕, 뉴트리셔널 이스트를 넣고 소금을 약간 넣은 다음 두유를 부어서 농도를 맞춥니다. 스프는 두유를 더 많이 넣어 묽은 질감으로 만들고, 파스타는 좀 덜 넣어 진한 느낌으로 만듭니다. 농도가 적당하게 나오면 마지막에 소금으로 간을 맞춥니다.

7 소금을 1큰술 넣은 끓는 물에 넓은 파스타면을 삶아 건진 뒤 접시에 담고 버섯 크림소스를 넉넉히 부어주세요. 그리고 **4**에서 남겨둔 볶은 버섯을 얹고, 파슬리, 올리브유를 뿌려 완성합니다.

8 스프는 두유로 농도를 맞춘 뒤 접시에 담고 남겨둔 가니쉬용 볶은 버섯을 얹어주세요. 파슬리, 올리브유를 뿌리면 완성입니다.

비건 치즈
감자 크로켓

멘치카츠는 고기를 주재료로 해서 양파 등의 다진 채소와 함께 동글게 만들어 튀긴 것인데 감자를 으깨서 만드는 일본식 크로켓과는 다른 매력이 있어요. 오래전 일본 여행 중에 편의점에 들러서 맥주 한 캔을 사들고 유명하다는 가게에 긴 줄을 섰었어요. 종이봉투에 담긴 갓 튀겨낸 따끈한 멘치카츠를 들고 근처 공원 벤치에 앉아, 오고 가는 사람들을 보며 맛있게 먹었던 기억이 있어요. 멘치카츠 한 입에 맥주 한 모금씩 번갈아 가면서요.

이 레시피는 그때 맛있게 먹었던 멘치카츠를 떠올리며 만들었는데 멘치카츠와 일본식 감자 크로켓의 중간쯤 되는 음식이라고 생각하면 될 것 같아요. 으깬 감자 반, 다진 식물성 대체육 절반 정도의 비율로 만들거든요. 채소와 함께 볶은 간이 잘 된 식물성 대체육 볶음과 부드러운 감자가 어우러져서 훌륭한 맛을 내요. 거기에 비건 치즈까지 넣어주면 더할 나위 없는 간식, 식사, 안주 메뉴가 됩니다. 요즘 국내외의 대체육 제품들이 정말 잘 나오기 때문에 대체육으로 훌륭한 비건 요리를 만들 수 있어요. 덕분에 행복한 순간을 만들어준 추억의 음식을 비건으로 재현해 낼 수 있으니 참 고마운 일이에요. 그 음식을 다른 이들과 나누는 순간은 또 다른 추억이 되고요. 지금은 음식과 관련한 추억들 중 비건이 아니었던 순간들이 더 많지만, 더 오랜 시간이 지나면 오래 전에 먹었던 비건 음식을 추억하는 순간도 오겠죠?

필요한 도구
프라이팬, 냄비, 감자 매셔, 튀김용 냄비

주재료
감자 2개, 양파 1/2개, 당근 1/3개, 다진 마늘 1큰술, 다진 식물성 대체육 200g
(언리미트 민스 사용), 비건 치즈 , 튀김가루 반컵, 빵가루 2컵,
튀김용 식물성 기름 700ml

대체육 양념 재료
간장 2큰술, 설탕 1큰술, 참기름 1큰술, 미림 or 청주 1큰술, 소금 약간, 후추 약간

1   감자를 씻어서 냄비에 넣고 잠길 정도로 물을 부어 20~30분 삶아주세요. 젓가락으로 찔러보았을 때 잘 들어가면 물을 덜어내고 감자만 남은 냄비에 불을 약하게 켜서 살살 굴려가며 수분을 날립니다. 껍질이 조금씩 벗겨지기 시작하면 불을 끄고 살짝 식혔다가 껍질을 까주세요.

2   양파와 당근을 잘게 썰어주세요. 마늘도 곱게 다집니다.

3   달군 팬에 기름을 두르고 양파와 당근을 넣고 잘 볶아주세요. 당근과 양파가 잘 익으면 해동해둔 다진 식물성 대체육과 다진 마늘을 넣고 잘 볶습니다. 식물성 대체육이 뭉치지 않게 볶아주세요.

4   대체육이 보슬보슬하게 볶아지면 간장, 설탕, 참기름, 미림을 계량해 섞어 놓았다가 팬에 부은 뒤 골고루 양념이 배어들도록 섞어주세요. 양념이 스며들어 국물 없이 졸여지면 맛을 봐서 소금과 후추를 더해 살짝 짭짤하게 간을 맞춥니다.

5   껍질을 벗긴 감자는 부드럽게 으깹니다. 거기에 4의 볶음을 넣고 섞습니다.

6   5를 손으로 둥글게 빚어 가운데에 비건 치즈를 1/2큰술 정도 넣고 감싸주세요.

7   튀김가루를 물에 개어서 튀김옷을 만듭니다. 6에서 동그랗게 빚은 크로켓에 튀김옷을 골고루 입힌 뒤 빵가루를 꼭꼭 누르듯이 떨어지지 않도록 입혀줍니다.

8   튀김용 기름을 물기 없는 냄비에 담고 180℃ 정도로 가열한 뒤 빵가루를 묻힌 크로켓을 넣고 먹음직스러운 색이 나도록 튀겨냅니다. 안의 재료들이 모두 익은 상태이므로 속 재료가 익을 때까지 기다릴 필요 없이 겉의 색이 잘 날 정도로만 튀기면 돼요.

라자냐

여러 번의 비건 팝업 식당을 여는 동안 항상 다른 메뉴를 선보이면서 늘 다른 에피소드가 생기고 또 다른 고충들을 겪었어요. 가장 기억에 남는 팝업은 비건 라자냐를 포함해 짧은 코스 요리를 냈던 때에요. 시기는 연말이었고, 쌀쌀해진 날씨에 맞춰 진하고 뜨끈한 채소 스프를 전채로, 오븐에 구운 라자냐를 메인으로, 부드러운 밤 크림이 올라가는 비건 아이스크림을 디저트로 준비한 3코스 요리였어요. 준비할 것이 너무 많아서 전날 혼자 밤을 홀딱 새고 긴장된 마음으로 서비스를 시작했는데 다행히도 그날의 날씨와 분위기, 음식이 모두 잘 어우러졌어요. 손님들이 좋은 시간을 즐기고 만족스럽게 떠나시는 모습에 뿌듯함을 느낄 수 있었어요.

이 레시피는 많은 사람들에게 극찬 받았던 그날의 라자냐 레시피예요. 소스들을 미리 만들어 놓는 게 품이 들 수 있지만 특별한 날이라면 충분히 시간을 들일 가치가 있어요. 비건, 논비건 상관없이 누구나 맛있게 먹을 수 있는 특별한 음식이기도 하고요. 샐러드와 레드 와인 한 잔을 곁들이면 분위기를 내기에도 제격이랍니다.

필요한 도구
프라이팬, 냄비, 오븐, 오븐 트레이, 종이 포일

주재료
라자냐 면 8장, 가지 2개, 비건 라구 소스 1+1/2~2 컵(p.334 참고),
비건 토마토 소스 100ml, 비건 스모크 치즈 200g(p.324 참고), 소금 약간,
후추 약간, 파슬리 약간, 굵은소금 1큰술, 식물성 기름, 올리브유

비건 베샤멜 소스 재료
식물성 기름 1+1/2큰술, 밀가루 1큰술, 두유 250ml, 뉴트리셔널 이스트 1큰술,
소금 1/4작은술, 후추 약간, 넛맥가루 약간*

- · -

1 미리 만들어 놓은 비건 라구 소스에 물을 조금만 더해서 부드러워지도록 합니다. 만든 지 얼마 되지 않았다면 바로 사용해도 좋아요.

2 가지를 길쭉한 모양으로 도톰하게 자릅니다. 길이는 라자냐 면의 짧은 쪽의 길이와 비슷하거나 좀 더 짧게 자르면 됩니다.

3 기름을 넉넉하게 두른 팬에 가지를 노릇노릇하게 구워주세요. 소금과 후추를 뿌려 간을 해줍니다.

4 비건 베샤멜 소스를 만듭니다. 냄비나 코팅 팬에 식물성 기름을 두르고 밀가루를 넣어서 볶아줍니다. 살짝 노릇노릇해지고 고소한 향이 나면 밀가루가 익었다는 신호입니다. 여기서 조금만 불이 세거나 시간을 지체하면 쉽게 갈색으로 타게 되니 색이 좀 나면 불을 더 약하게 줄이거나 꺼서 잠시 식힙니다.

5 약불에서 두유를 조금씩 부어가면서 거품기로 매끄럽게 풀어줍니다. 두유를 한 번에 부으면 풀기 어렵기 때문에 조금씩 추가하면서 밀가루가 매끄럽게 풀리면 나머지 두유를 모두 넣고 잘 섞어 끓여주세요.

6 뉴트리셔널 이스트를 넣고 소금과 후추로 간을 한 뒤 넛맥이 있다면 조금 넣어줍니다. 크림 스프 같은 맛이 나면서 간이 잘 맞으면 완성입니다. 식으면서 더 뻑뻑해지기 때문에 흐르는 정도의 질감이 되면 불을 끕니다

7 냄비에 물을 끓여 소금을 1큰술 넣어 준 뒤 라자냐면을 넣어 서로 붙지 않도록 저으면서 4분간 익혀주세요. 재료들과 함께 오븐에서 더 익힐 예

정이기 때문에 반만 익히면 돼요.

8 오븐 팬에 종이 포일을 깔고 올리브유를 바릅니다. 이렇게 해야 구운 뒤에 라자냐를 쉽게 옮길 수 있어요.

9 라자냐면을 깔고 비건 라구 소스를 얇게 펼쳐 바릅니다. 그 위에 구운 가지를 펼치고 비건 베샤멜 소스를 뿌립니다. 라구 소스를 깔 때는 가장자리 부분을 꼼꼼히 채워야 라자냐가 기울지 않고 편편하게 모양이 잡혀요.

10 라자냐는 총 3층으로 쌓는데요. '라자냐면 – 비건 라구 소스 – 베샤멜 소스 – 라자냐면 – 비건 라구 소스 – 비건 치즈 – 베샤멜 소스 – 파스타면 – 비건 라구 소스 – 베샤멜 소스 – 라자냐면'의 순서로 쌓습니다. 비건 치즈는 두 번째 층과 맨 윗면에만 올리는데, 모든 층에 넣게 되면 간이 너무 세지기 때문이에요.

11 맨 윗장에는 베샤멜 소스를 충분한 양으로 골고루 펴 바릅니다. 오븐에서 구우면 수분이 날아가면서 맨 위에 있는 면이 위로 말려 올라가기 때문이에요. 이렇게 소스를 듬뿍 바르면 위로 말려 올라가지 않고 소스를 흡수해 맛있게 구워집니다. 베샤멜 소스 위에 토마토 소스를 약간 올린 뒤 비건 치즈도 올립니다.

12 라자냐에 올리브유를 조금 뿌리고 180℃로 예열한 오븐에서 15분 굽습니다. 안과 밖이 골고루 익도록 팬의 방향을 돌리고 200°로 온도를 올린 뒤 10분 정도 더 익힙니다. 맨 위의 치즈가 노릇노릇해지면 완성이에요.

13 잘 구워진 라자냐를 뒤집개 2개를 사용해 그릇에 옮겨 주고, 파슬리나 쪽파 등 초록 허브와 엑스트라 버진 올리브유를 뿌려서 마무리합니다.

> 비건 라구 소스나 비건 베샤멜 소스, 비건 치즈를 미리 만들어 놓으면 쉽게 만들 수 있어요. 직접 만드는 것이 부담이 된다면 시중에 판매하는 식물성 라구 소스나 비건 치즈를 구매해 만들어도 좋아요.

Chapter 6

나들이 기분 내고 싶은 하루,
도시락

텐페 와사비 마요 김밥 | 충무김밥 | 매콤 비건 너겟 덮밥 | 가지 데리
야키 덮밥 | 가지 소스 콜드 파스타 | 타프나드 구운 채소 샌드위치 |
반미 샌드위치 | 비건 가츠산도와 비건 다마고산도

Just Cook Vegan!

템페 와사비
마요 김밥

언제부턴가 친구들의 영화 촬영 날이 우리 집 김밥 먹는 날이 되었어요. 친구들은 감독, 연기자, PD 등 다양한 역할로 영화 현장에서 일하고 있어요. 그리고 영화 촬영 현장에서 비건 스태프들이 소외되지 않도록 항상 신경을 쓰고 있어요. 여러 사람이 일하는 현장에서 소수인 경우가 많은 비건이 식사를 비롯한 여러 방면에서 신념을 주장하기 어려울 때가 많잖아요.

그렇게 친구의 현장 식사로 싸게 된 비건 김밥은 친구들이 함께 일하는 동료들과 먹는 음식이라는 생각에 더 신경을 쓰게 되었어요. 어떤 김밥을 만들지 한참을 고민하다가 템페 조림을 속 재료로 넣었는데 처음 맛보는 사람들도 그 매력에 빠져서 템페에 대해 무척 궁금해했어요. 템페 대신에 콩가스를 구워 식물성 돈가스 소스와 곁들여도 무척 맛있고, 와사비 마요네즈나 스리라차 마요네즈를 곁들이면 금상첨화예요.

필요한 도구

프라이팬, 김발

재료

시금치 1단, 당근 1개, 손질된 우엉채 300g(시판 우엉 조림으로 대체 가능),
아보카도 1개, 깻잎 1묶음(20장 정도), 템페 2개(400g), 김밥용 단무지 10개,
밥 5~6인분, 김밥용 김 10장

시금치 양념 재료

다진 마늘 1/2큰술, 연두 1큰술(국간장 1/2큰술로 대체하거나 소금으로
간을 맞춰도 됩니다), 참기름 1큰술

우엉 조림, 템페 조림 양념 재료

간장 5큰술, 설탕 1+1/2큰술, 물엿 1+1/2큰술, 고춧가루 3큰술,
다진 마늘 1큰술, 참기름 1+1/2큰술, 청양고추 1개, 물 8큰술

기본 양념 재료

소금, 후추, 식물성 기름, 참기름 5큰술(밥 양념용)

와사비 마요 재료

식물성 마요네즈 100ml, 생와사비 1작은술, 간장 1/2작은술

1 시금치는 데쳐서 찬물에 헹군 뒤, 손으로 꼭 짜주세요. 다진 마늘과 참기름, 연두로 간을 해서 조물조물 무칩니다. 당근은 가늘게 채 썰어 식물성 기름을 두른 팬에 소금과 후추를 뿌려 볶아주세요. 손질한 우엉채는 팬에서 볶다가 만들어둔 조림 양념의 2/3를 넣고 졸입니다. 아보카도는 껍질을 벗겨 길게 썰고 깻잎은 씻어서 물기를 털어 준비합니다.

2 팬을 닦아낸 뒤 가열해서 수분을 날리고 기름을 넉넉하게 두릅니다. 길게 자른 템페를 노릇노릇하게 구워주세요. 잘 구워지면 나머지 분량의 조림 양념을 넣고, 타지 않도록 약불에서 뒤집어 가면서 익힙니다.

3 밥에 참기름과 소금으로 양념을 합니다. 취향에 따라서 간과 양념은 조절해주세요.

4 식물성 마요네즈와 생와사비, 간장을 섞어서 와사비 마요를 만듭니다.

5 김은 까끌한 쪽을 안쪽으로 해서 김발 위에 깔고 밥을 최대한 얇게 폅니다. 주걱으로 밥을 꾹꾹 눌러서 납작하게 펴주어야 재료를 풍부하게 넣으면서도 김밥이 너무 두꺼워지지 않게 말 수 있어요.

6 몸에 가까운 쪽에 재료들을 모아 놓는다고 생각하고 놓되 우엉이나 템페 조림, 마요네즈 같이 양념이 빠져나올 수 있는 재료들은 깻잎 사이에 넣고 말아주세요. 김밥 끝 부분은 잘 붙이지 않으면 썰면서 터지기 쉬우니 밥풀을 눌러서 접착제가 되게 합니다.

7 김밥을 먼저 다 말고 잘 드는 칼로 썰어줍니다. 썰기 전, 겉에 참기름을 살짝 바르면 반질반질하니 더 먹음직스러워지고 향도 고소해집니다. 썰어낸 김밥을 도시락에 담으면 완성입니다.

충무김밥

영화를 만드는 친구들의 촬영 날 식사로 김밥을 여러 번 준비하다 보니 뭔가 변화를 주고 싶었어요. 그래서 충무김밥에 곁들이는 무김치를 신경 써서 만들어봤는데 친구들의 반응이 너무나 좋았어요. 그리웠던 강한 맛의 김치라고 하더라고요.

앞서 3장에서 알배추 겉절이를 간단히 만든 것처럼 이 무김치도 무 하나로 담그면 그렇게 어렵지 않아요. 이 무김치만 담가 놓아도 며칠이 든든하답니다. 무를 절이는 데 시간이 걸리기는 하지만 만드는 방식은 정말 간단하답니다. 이번에는 색다른 식감을 내보려고 곤약을 함께 사용해봤는데, 전자레인지로 곤약을 건조하면 질감이 꼬들꼬들하고 쫄깃해져서 오징어의 느낌이 나요. 단지 쫄깃해진 곤약은 만든 당일에는 그 질감이 살아 있지만, 하루 이상 두면 양념의 수분을 흡수해서 물컹해지기 때문에 되도록 당일에 먹는 것을 추천해요.

필요한 도구
전자레인지

주재료
무 1개, 곤약 1팩, 김밥용 김 4장, 밥 4공기, 굵은소금 1큰술, 식초 1큰술

절임액 양념 재료
식초 8큰술, 설탕 4큰술, 소금 6큰술, 물엿 4큰술, 매실청 2큰술

무김치 양념 재료
고춧가루 7큰술, 진간장 3큰술, 국간장 2큰술(모두 진간장 사용해도 무방),
연두 1큰술, 참기름 1+1/2큰술, 무를 절이면서 나온 물 2큰술, 설탕 2큰술,
다진 마늘 2+1/2큰술, 다진 생강 1/2작은술•, 다진 청양고추 or 연두 청양초
취향껏•

1 무를 가는 막대 모양으로 썰고 절임액 양념에 뒤적뒤적 섞어 가면서 1시
   간 30분에서 2시간 가량 절여주세요. 이렇게 하면 무에서 수분이 빠져나
   와 식감이 좀 더 꼬들꼬들해져요.

2 곤약도 가는 막대 모양으로 썰어주세요. 굵은소금 1큰술과 식초 1큰술을
   넣은 끓는 물에 곤약을 살짝 데쳐서 비린 냄새를 빼주세요. 건져낸 뒤 접
   시나 실리콘 찜기 등에 넓게 펼쳐서 전자레인지에 5분씩 4~5번 익힙니
   다. 5분마다 뒤집어서 수분이 날아가도록 해주세요. 거듭할수록 수분이
   점점 증발해서 곤약이 쪼그라들고 쫀득쫀득해질 거예요.

3 무김치 양념을 만들어주세요. 물 대신 무를 절이면서 나온 무 국물을 쓰면
   더 맛있어요. 청양고추나 연두 청양초로 매운맛을 취향껏 조절합니다.

4 다 절여진 무를 양손으로 꼭 짜서 물기를 더 빼고 다른 넓은 접시에 담습
   니다. 절여진 무는 간이 잘 배어들어 있는 상태이므로 물에 씻지 않고 사
   용해요. 거기에 만들어 두었던 양념과 건조시킨 곤약을 넣고 잘 무칩니
   다. 30분 정도 두었다가 먹거나 냉장고에 몇 시간 두었다가 먹으면 더 맛
   있어요.

5 따뜻한 밥을 떠서 참기름 약간과 소금 약간을 뿌려 주걱으로 잘 섞습니다.

6 한입 크기로 자른 김밥용 김에 밥을 넣고 돌돌 말아주세요. 김밥 끝에 물
   이나 밥풀을 발라 붙이면 잘 붙습니다. 김밥과 무김치가 섞이지 않게 담
   아주면 도시락 완성입니다.

매콤 비건
너겟 덮밥

요즘 비건 너겟 제품이 다양하게 출시되고 있어요. 이 매콤한 비건 너겟 덮밥은 만드는 과정이 복잡하지 않아서 도시락은 물론 여러 가지 방식으로 응용하기에 좋아요. 이 레시피에서는 두부로 만드는 너겟을 사용했는데 밀 단백이나 콩 단백으로 만드는 제품을 취향에 맞게 사용하면 돼요. 매운 음식을 잘 먹는 사람에겐 그렇게 자극적이지 않은 맛일 수도 있지만 청양고추나 고춧가루로 매움의 정도를 조절할 수 있으니 취향대로 즐겨보세요.

덮밥으로 만들기 위해 소스가 좀 남도록 만들었는데, 너겟의 양을 늘리거나 소스의 양을 줄여 소스가 많이 남지 않게 해서 반찬이나 안주로 즐길 수도 있어요. 밥 대신 라면사리를 삶아 곁들이면 멋진 야식으로도 손색없답니다.

필요한 도구

프라이팬, 튀김 냄비

주재료

비건 두부 너겟 8~10개. 떡볶이 떡 1줌, 쪽파 약간*, 식물성 마요네즈 약간,
청상추 8장

매운 양념 재료

고춧가루 1+1/2큰술, 설탕 2큰술, 물엿 2큰술, 간장 1+1/2큰술, 미림 1큰술*,
케첩 1큰술, 채식 중화 소스 1/2큰술*, 채소 스톡 큐브 1/4개*, 후추 1/4작은술,
다진 마늘 1큰술, 다진 생강 1/2작은술, 청양고추 5개(취향대로 조절),
식용유 2큰술, 물 50ml, 화유(불맛 향미유) 1/2~1작은술(마지막에 넣는다)*

- ‧ — ‧ — ‧ — ‧ — ‧ — ‧ — ‧ — ‧ — ‧ — ‧ — ‧ — ‧ — ‧ — ‧ — ‧ —

1　청양고추와 쪽파를 작게 썰어 놓습니다. 마늘과 생강을 곱게 다지고 청상
　　추는 세척해서 물기를 털어 놓습니다.

2　매운 양념 재료를 모두 잘 섞어주세요. 팬에 양념 재료와 물 50ml를 넣고
　　바글바글 끓입니다. 양념에 농도가 조금 생겼다 싶으면 화유를 넣고 잘
　　섞은 뒤 불을 끕니다.

3　비건 너겟을 튀겨 한입 사이즈로 자르고, 떡도 한입 사이즈로 자릅니다.
　　자른 떡을 양념에 넣고 약불에 끓이다가 말랑말랑하게 익으면 잘라둔 비
　　건 두부 너겟을 넣고 섞어주세요. 양념이 너무 졸아들면 짤 수 있기 때문
　　에 소스가 너무 졸아들기 전에 불을 끕니다.

4　도시락에 청상추를 깔고 밥을 담습니다. 그 위에 매콤하게 양념한 비건
　　두부 너겟과 떡, 소스를 올립니다. 취향에 따라서 식물성 마요네즈와 쪽
　　파를 뿌려 마무리해주세요.

> 　양념 너겟으로만 먹으려면 너겟과 떡의 양을 늘리거나 소스의 양을 줄
> 　여서 소스가 남지 않게 비율을 맞춰주세요.

가지 데리야키
덮밥

사람도 그렇지만 식재료도 첫인상이 이후의 관계에 큰 영향을 미치는 것 같아요. 또 첫인상이 전부는 아니듯이 처음엔 별로였어도 알면 알수록 끌리는 경우도 있고요. 어린 시절에는 가지를 정말 싫어했어요. 그 물컹한 질감이 정말 싫었거든요. 그런데 언젠가부터 가지를 무척 좋아하게 되었어요. 구운 가지와 튀긴 가지를 맛보고 나서 가지가 기름과 만나면 얼마나 맛있어지는지 알게 된 거예요. 한번 그 맛에 눈을 뜨고 나니 가지의 다양한 질감과 맛이 매력적으로 다가왔어요. 가지 소스 콜드 파스타처럼 차가운 소스로도 만들 수 있고, 기름과 함께 굽거나 튀겨서 바삭하면서도 촉촉한 맛을 즐길 수 있고, 양념에 절여 감칠맛을 즐길 수도 있고, 이 데리야키 덮밥처럼 진한 양념에 졸여서 먹을 수도 있어요. 첫 만남은 별로였지만 알면 알수록 정말 멋진 식재료예요.

이 가지 데리야키 덮밥은 장어덮밥을 모방한 음식이랍니다. 가지를 이용해 만든 이 데리야키 덮밥은 원래의 음식과 질감이나 맛은 다르지만 가지 고유의 질감과 맛으로 새롭게 다가와요. 비건 지라시 스시를 만들 때와 같은 방법으로 두부면 볶음을 만들어 곁들이면 색도 예쁘고 속도 든든해진답니다. 따뜻한 녹차를 부어서 먹는 일본 음식인 오차즈케로 먹어도 색다를 거예요. 밥 위에 얹어 가지 구이 초밥으로 먹을 수도 있고요. 같은 재료와 조리법으로도 다양한 형태의 음식을 즐길 수 있어요. 앞으로도 이 매력적인 재료에 대해서 더 많이 알아가고 싶어요.

2인분 기준

필요한 도구

필러, 찜기, 프라이팬

주재료

가지 2개, 두부면 1팩, 깻잎 1장, 김 1장, 전분가루 or 부침가루 4큰술,
비건 데리야키 소스 4~5큰술(p.333 참고), 식물성 기름 2~3 큰술, 밥 2공기,
와사비 약간

두부면 양념 재료

블랙솔트 or 소금 1/4작은술, 후추 약간, 연두 1/2큰술, 강황가루 1/6작은술

- · -

1   필러를 이용해 가지의 껍질을 벗깁니다. 가지를 찔 때 껍질이 있으면 속
이 균일하게 익는 데 시간이 오래 걸려요. 시간이 지날수록 가지가 너무
흐물흐물해지기 때문에 적절하게 익히려면 껍질을 벗기는 것이 좋아요.

2   껍질을 벗긴 가지는 찜기에 넣고 뚜껑을 덮어 5분간 찝니다.

3   가지를 찌는 동안 두부면을 볶습니다. 두부면은 먼저 체에서 흐르는 물에
헹군 뒤, 물기를 털고 칼이나 가위로 2~3번 자릅니다.

4   기름을 두른 팬에 두부면과 두부면 양념 재료를 넣고 잘 볶아주세요.

5   깻잎은 돌돌 말아서 얇게 채 썰고, 김은 가위로 가늘게 자릅니다.

6   찐 가지를 세로로 길게 반으로 자르고, 칼집을 세로로 3~4번 넣어 넓게
펼쳐 주세요.

7   손질한 가지에 전분가루나 부침가루를 묻힌 뒤 기름을 두른 팬에 노릇하
게 굽습니다.

8   가지가 노릇노릇하게 익으면 비건 데리야키 소스를 3~4큰술 넣고 졸입
니다. 데리야키 소스는 한번에 많이 넣지 말고, 조금씩 더하면서 간을 봐
주세요. 뒤집어가면서 타지 않도록 졸입니다.

9   도시락에 밥을 담고 비건 데리야키 소스를 1~2큰술 뿌린 뒤 두부면 볶음
과 김을 펼쳐 올립니다. 그 위에 가지 데리야키 구이를 올린 다음, 남은 데
리야키 소스가 있다면 한 번 더 가지 표면에 발라줍니다. 얇게 썬 깻잎을
올려 마무리해주세요.

가지 소스
콜드 파스타

저의 첫 일터였던 이탈리안 레스토랑 '두오모'에서 여름 인기 메뉴인 가지 퓌레 파스타를 먹어보고, 이 가지 소스를 알게 되었어요. 콜드 파스타라면 페스토 소스로 만든 것만 접했었는데 새로운 맛에 눈이 뜨인 거죠. 여름이 제철인 가지와 토마토가 어우러져서 신선하고 시원한 맛이 일품이에요. 저는 여기에 샐러드 채소와 두부 구이를 곁들여 든든함을 더해봤어요. 두부 대신 버섯을 구워서 함께 먹어도 좋아요.

전에 팝업 식당에서 바게트 빵 위에 이 가지 소스를 얹고 토마토와 구운 버섯, 루콜라와 올리브유를 더해 오픈 샌드위치를 만들었는데, 평소 가지를 싫어해서 잘 먹지 않는 손님도 가지인지 모르고 정말 맛있게 드셨다는 이야기를 전해듣기도 했어요. 소스는 만들기가 쉬워서 많은 양을 한 번에 만들기에도 좋아요. 더웠던 어느 날, 친구들과 야외 페스티벌에 참가한 적이 있는데 밀폐용기에 모든 재료들을 담아간 다음, 가지 소스에 비벼 각자 접시에 덜어 먹은 적도 있어요. 그때 그 파스타 참 맛있었다는 이야기를 두고두고 나눌 만큼, 더운 날 시원한 도시락으로 안성맞춤이었던 것 같아요.

필요한 도구
프라이팬, 냄비, 오븐, 종이 포일

주재료
숏파스타(푸실리) 2인분, 두부 200g, 방울토마토 8개,
루콜라 or 샐러드 채소 50g, 소금 약간, 연두 약간, 후추 약간, 식물성 기름 약간

가지 소스 재료
가지 2개, 케이퍼 1큰술, 마늘 1개, 레몬즙 2큰술, 올리브유 4큰술, 소금 1작은술,
아가베 시럽 1/2작은술

1 가지의 꼭지를 제거한 뒤 세로로 길게 두 번 정도 칼집을 내 줍니다. 오븐 팬에 종이 포일을 깔고 가지에 식물성 기름을 골고루 마사지하듯이 바른 뒤 포일로 덮습니다. 180℃로 예열한 오븐에서 1시간 30분 정도 익혀주세요.

2 오븐에서 가지가 익는 동안 다른 재료들을 준비합니다. 방울토마토는 작게 잘라주세요. 루콜라를 비롯한 샐러드 채소는 찬물에 잠시 담갔다가 탈수기나 체로 물기를 털어주세요.

3 두부는 큐브 모양으로 작게 자른 뒤 기름을 두른 팬에 노릇하게 구워주세요. 소금, 후추, 연두 약간을 넣어 간을 합니다. 구운 두부는 접시에 덜어 한김 식힙니다.

4 오븐에서 가지가 완전히 익어 껍질까지 흐물흐물한 상태가 되면 다른 소스 재료들을 계량해 넣고 핸드블렌더나 믹서를 이용해 곱게 갈아주세요. 이 소스는 밀폐해서 냉장 보관 시 일주일간 먹을 수 있어요.

5 숏파스타를 삶습니다. 도시락으로 싸서 몇 시간 뒤에 먹을 거라면 시간이 지나면서 면이 더 퍼지기 때문에 적정 조리 시간보다 1분 짧게 삶습니다. 익은 파스타를 체에 건져 찬물에 담가 차게 식힌 뒤 물기를 잘 털어주세요.

6 파스타에 가지 소스를 6큰술에서 8큰술 정도 넣고 버무립니다. 소스의 양은 파스타의 양과 취향에 따라서 조절해주세요.

7 유리병에 버무린 파스타를 먼저 담은 뒤, 구운 두부, 방울토마토, 루콜라 순으로 차곡차곡 눌러 담습니다. 먹을 때는 윗부분에 있는 재료들과 아래의 파스타를 섞어가며 먹습니다.

> 가지 소스는 빵 위에 얹어서 오픈 샌드위치로 만들어 먹어도 무척 맛있어요.

타프나드 구운
채소 샌드위치

도시락 하면 김밥 다음으로 생각나는 것이 샌드위치 아닐까요?
저는 샌드위치를 정말 좋아하는데요. 비건이 된 이후에는 진짜
맛있는 샌드위치를 많이 만나지 못했어요. 비건 생활 전에는 여
러가지 풍성한 맛의 샌드위치를 다양하게 맛보았던 것 같은데 제
가 만났던 비건 샌드위치들은 거의 차가운 채소가 가득한 가벼운
소스의 초록색 샌드위치라 먹고 나면 뭔가 많이 허전했어요.

이 타프나드 구운 채소 샌드위치를 만들어보면 맛있는 비건 샌
드위치가 어렵지 않다는 것을 알 수 있어요. 올리브로 만드는 타
프나드 소스는 간단하면서도 감칠맛이 넘치고, 오븐에 잘 구운
채소들은 자체의 맛이 더 강해져서 치즈나 햄이 없어도 샌드위
치의 맛을 풍성하게 해줘요. 한입 베어 물면 입안 가득 진하고 행
복한 맛이 퍼진답니다.

필요한 도구

오븐, 핸드블렌더 or 믹서기, 종이 포일

주재료

주키니 1/2개, 파프리카 1/2개, 마늘 4개, 선드라이 토마토 16개(시판 제품, 작은 사이즈), 치아바타 2개, 발사믹 글레이즈 약간*, 식물성 기름 약간, 소금, 후추

타프나드 소스 재료

국물 뺀 씨 없는 블랙올리브 1컵, 케이퍼 1+1/2큰술, 마늘 2개, 레몬즙 2큰술, 올리브유 2큰술, 바질 잎 5장*

- - · - · - · - · · · - · - · · · - · - · · · - · - · - · - · - · - · - · -

1   주키니와 가지는 6cm 길이, 4~5mm 두께로 썰고 파프리카는 씨를 빼고 길게 자릅니다. 마늘은 편으로 썰어주세요.

2   오븐은 180℃로 예열해두고 오븐 팬에 종이 포일을 깐 뒤 썰어둔 채소를 펼칩니다. 소금, 후추, 올리브유를 골고루 뿌려 오븐에 넣고 15분마다 방향을 바꿔가며 노릇노릇하게 익을 때까지 익혀주세요.

3   오븐에서 채소가 익는 동안 올리브를 손질합니다. 씨가 없는 올리브는 따로 손질할 필요가 없어요. 씨가 있는 올리브는 돌려 깎듯이 씨를 제거해 주세요.

4   올리브를 포함한 타프나드 소스 재료들을 모두 계량해 넣고 믹서기나 핸드블렌더로 갈아주세요.

5   치아바타를 반으로 자르고 안쪽에 타프나드 소스를 골고루 바릅니다. 구운 채소를 골고루 얹고 선드라이 토마토를 얹은 뒤 발사믹 글레이즈를 뿌리면 완성입니다.

>   오일에 절여진 시판 선드라이 토마토를 사용했어요. 선드라이 토마토의 사이즈가 큰 경우에는 칼로 작게 잘라서 넣으면 먹기 편해요. 발사믹 글레이즈가 없다면 생략해도 좋습니다.

반미 샌드위치

반미 샌드위치는 이국적인 맛과 향이 듬뿍 느껴지는 동남아식 샌드위치예요. 소스와 육류 재료를 식물성으로 바꾸기만 하면 맛있는 비건 반미 샌드위치를 만들 수 있어요. 팝업 레스토랑 초반에 만든 적이 있는데 아직은 능숙하지 않았던 시기에 많은 분들이 한번에 방문하셔서 오래 대기하는 분들을 앞에 두고 진땀을 뻘뻘 흘리면서 만들었던 기억이 나요. 그 당시에는 제 취향에 맞는 대체육이 없어서 고기 대신에 바싹 구워 졸인 두부와 가지 튀김, 버섯볶음을 넣었는데 요즘엔 식물성 대체육이 잘 나와서 더 간단히 만들어 먹을 수 있어요.

반미 샌드위치는 원래 쌀 바게트로 만든다고 하는데 저는 동네 빵집에서 산 신선한 비건 바게트를 사용했어요. 겉이 너무 단단한 바게트나 말라서 딱딱해진 바게트를 사용하게 되면 씹는 것이 힘겹기도 하고 먹다가 입안에 상처가 나기도 하거든요. 만든 지 오래되지 않은 부드러운 빵을 사용하는 것이 좋아요. 달콤새콤한 무와 당근, 피클, 그리고 짭짤하게 양념해 구운 대체육, 살짝 매콤한 맛을 더해주는 스리라차 마요네즈, 고수가 어우러진 반미 샌드위치는 도시락 메뉴로도 좋고, 맥주 안주로도 추천합니다.

필요한 도구
프라이팬, 냄비, 토치(선택 사항)

주재료
무 100g, 당근 100g, 고수 40g, 바게트 긴 것 1개 or 짧은 것 2개,
식물성 대체육 1팩(언리미트 슬라이스 사용), 청양고추 2개, 오이 1/3개,
청상추 6장

무 당근 피클 양념 재료
식초 1/2컵, 물 1/2컵, 설탕 1/4컵, 소금 1큰술

스리라차 마요네즈 재료
식물성 마요네즈 4큰술, 비건 스리라차 소스 1큰술

식물성 대체육 양념 재료
간장 2큰술, 연두 1큰술•, 설탕 1큰술, 고춧가루 1큰술, 스모크액 1/2작은술•,
참기름 1큰술, 미림 1큰술, 다진 파 2큰술, 다진 마늘 1+1/2큰술, 후추 약간,
생강가루 약간•

1   무와 당근은 가는 막대기 모양으로 채 썰어주세요. 오이는 동그란 모양으로 얇게 씁니다. 청상추와 고수는 물에 씻어 물기를 털고 청양고추는 얇게 썰어주세요.

2   무 당근 피클 양념 재료를 냄비에 담고 끓여 가루류가 잘 녹도록 합니다. 끓인 피클 양념에 식초 2큰술을 더하고 차게 식힙니다. 식힌 피클 절임액에 무와 당근을 넣고 접시 등 무거운 것을 위에 얹어 양념 안에 잘 잠기게 한 뒤 30분 이상 둡니다.

3   식물성 대체육 양념을 만듭니다. 간장, 설탕을 비롯한 모든 재료를 계량해서 섞습니다.

4   식물성 마요네즈와 스리라차 소스를 섞어 스리라차 마요네즈를 만듭니다.

5   달군 팬에 기름을 두르고 식물성 대체육을 노릇노릇하게 굽습니다. 겉이 색이 나게 익으면 만들어둔 양념을 붓고 골고루 스며들도록 뒤적여가며 중약불에 타지 않게 굽습니다. 대체육이 꼬들꼬들하게 익으면 완성입니다.

6   바게트를 반으로 가르고 속의 부드러운 빵을 손으로 꾹꾹 눌러 납작하게 만듭니다. 이렇게 해야 안에 재료를 많이 넣어도 빵이 잘 접혀요. 빵 양면에 스리라차 마요네즈를 충분히 발라줍니다.

7   청상추 3장을 빵 위에 잘 펼치고 그 위에 구운 식물성 대체육, 오이, 피클, 고수, 청양고추를 얹어 조립합니다. 고수를 싫어한다면 고수 대신 깻잎을 넣어도 좋아요.

8   완성한 샌드위치는 눌러담은 뒤에 종이 포일 등으로 잘 고정시켜 말아 놓으면 도시락으로 싸서 먹을 때 재료가 많이 빠져 나오지 않게 먹을 수 있어요.

>   토치가 있다면 식물성 대체육을 구워 불향을 가미해주면 더 맛있어집니다.

비건 가츠산도와
비건 다마고산도

앞서 만든 양식 샌드위치, 베트남 샌드위치에 이어 이번엔 일식 샌드위치를 만들어볼까요. 가츠산도와 다마고산도는 예전에 좋아했던 샌드위치인데요. 보통은 밥이랑 같이 먹는 반찬 같은 재료가 빵 사이에 들어가 있다는 공통점이 있죠. 특히 부드럽고 촉촉한 달걀말이를 빵 사이에 끼운 다마고산도를 어떻게 하면 식물성으로 만들 수 있을지 고민을 많이 했어요.

식물성 달걀이 있으면 쉽게 만들 수 있겠지만 아직은 국내에서 구하기가 어려워 얼렸다 녹여 수분을 뺀 동두부와 두유를 이용해 식물성 달걀 반죽을 만들어보았습니다. 이 반죽을 응용하면 오븐에 다른 채소들과 함께 구워 키쉬를 만들 수도 있고 팬케이크처럼 얇게 구워 오믈렛을 만들 수도 있어요. 저는 반죽만으론 좀 심심할 듯해서 비건 슬라이스 치즈를 넣어 비건 치즈 달걀말이를 만들었어요. 당근이나 감자, 양파, 양배추 같은 다양한 채소를 채 썰어 넣고 구워보는 것도 좋아요. 가츠산도는 시판 콩가스로 간단히 만들 수 있어요. 바삭하게 튀긴 콩가스와 얇게 썬 양배추, 식물성 돈가스 소스가 무척 잘 어울려요. 도시락에 넉넉히 담아 친구들과 나누어 먹고 싶은 음식이에요.

2인분 기준

필요한 도구
달걀말이용 팬, 믹서기

주재료
비건 식빵 8장, 식물성 돈가스 소스 적당량, 양배추 1/8개, 비건 콩가스 2~3개,
식물성 마요네즈 3큰술, 생와사비 튜브 1/2~1작은술

비건 달걀말이 재료
두부 230g(단단하게 얼렸다가 해동해서 준비), 단호박 80g, 감자전분 2큰술,
강황가루 1/4작은술, 연두 1/2작은술, 미림 1/2큰술, 블랙 솔트(소금) 1/6작은술,
채소 스톡 큐브 1/4개, 식물성 음료(오트 밀크(귀리 음료) 사용) 1/2 컵, 후추 약간,
식물성 기름 1큰술, 비건 슬라이스 치즈 2장

1 단호박을 작게 썰고 물 2큰술을 더해 전자레인지에 5분 정도 돌려 익히
거나 찜기에 쪄서 익혀주세요.

2 양배추는 얇게 채 썰어서 찬물에 씻고 체에 밭쳐 물기를 제거합니다.

3 두부는 전날 얼려두었다가 해동합니다. 해동한 두부는 두 손으로 양쪽
을 꽉 누르면 스폰지처럼 물기가 빠집니다. 원래 두부보다 많이 단단해
진 것을 느낄 수 있을 거예요. 부서져도 상관 없으니 물기를 확실히 제거
합니다.

4 비건 슬라이스 치즈를 제외한 비건 달걀말이 재료를 모두 믹서기에 넣고
매끄러워지도록 갈아주세요.

5 달걀말이용 팬을 골고루 가열하고 기름을 두릅니다. 불은 약불로 하고 곱
게 간 비건 달걀 반죽을 2/3 정도 팬에 붓고 평평하게 펼칩니다. 그 위에
비건 슬라이스 치즈를 반으로 잘라 올려놓습니다. 진짜 달걀보다는 더 부
드러워서 반죽을 말 때 부서질 수 있지만 부서진 부분도 모아서 네모난
모양으로 빚는다는 느낌으로 말아주세요.

6 믹서에 남은 반죽을 팬에 붓고 조심스럽게 계속 뒤집어가며 돌돌 말아서
비건 달걀말이를 완성합니다. 뒤집다가 모양이 부서지더라도 다시 안쪽
의 각진 곳으로 끌어와 꾹꾹 누르며 모양을 잡으면 다시 온전한 비건 달
걀말이가 됩니다.

7 두툼하게 잘 익은 비건 치즈 달걀말이는 한김 식도록 두고 식물성 콩가스
를 튀깁니다.

8 비건 식빵 위에 식물성 마요네즈를 바르고 튀긴 콩가스를 얹은 뒤 양배추
를 듬뿍 얹고 식물성 돈가스 소스를 뿌려주세요. 나머지 식빵으로 위를
덮습니다.

9 식빵에 와사비와 식물성 마요네즈를 섞어 바른 뒤 식빵 크기에 맞게 자른
비건 달걀말이를 얹고 와사비와 식물성 마요네즈를 그 위에 바르고 식빵
으로 덮습니다.

10 식빵 테두리를 잘라주고, 도시락 사이즈에 맞게 샌드위치를 잘라서 담으
면 완성입니다.

Vegan Cheese & Sauce

비건 치즈 & 소스

비건 치즈가루

필요한 도구
핸드블렌더 or 푸드프로세서 or 다지기

재료
캐슈넛 1/2 컵(아몬드, 브라질너트, 해바라기씨 등 다른 견과류나
씨앗류로도 만들 수 있어요), 뉴트리셔널 이스트 2큰술, 소금 1/2작은술,
마늘가루 1/4작은술, 양파가루 1/8작은술

이 비건 치즈가루는 만능 가루예요. 일반 치즈가루와 맛의 차
이는 있지만 그에 못지 않은 고소함과 짭짤함, 감칠맛을 지니
고 있거든요. 파스타, 스프, 샐러드, 피자를 비롯해 팝콘, 감자
튀김 등 치즈가루가 들어가는 요리 어디에나 활용할 수 있어
요. 평소 잘 안 먹는 견과류도 챙겨 먹을 수 있고요. 만들기도
쉬워서 친구에게 선물하기에도 좋아요.

1   블렌더에 모든 재료들을 계량해 넣습니다.

2   처음에는 짧게 끊어가며 갈아 재료들이 잘 섞이게 하고 마지막에
    는 길게 갈아주세요. 너무 곱게 갈려고 하면 견과류 자체의 기름이
    빠져 나와 가루들이 다시 뭉치는 현상이 생깁니다. 입자의 질감이
    보슬보슬한 정도로 갈아주세요.

3   깨끗하게 닦은 물기 없는 용기에 치즈가루를 담고 밀봉합니다.

곁들이면 좋은 메뉴

템페구이 샐러드, 토마토 소
스 파스타, 채소 오일 파스
타, 참나물 페스토 파스타,
레드커리 두유 크림 파스타,
맥앤치즈, 콜리플라워 튀김,
프렌치 어니언 스프, 버섯 크
림 스프와 파스타, 라자냐

○   상온에 오래 두면 습기가 차거나 산패할 수 있고, 공기 중의 수분
    을 흡수해 가루가 뭉칠 수 있기 때문에 제습제를 넣어 냉동실에
    보관하는 것이 좋아요. 냉동실에 보관할 때는 음식 냄새가 배지
    않게 단단히 밀봉되는 용기를 사용합니다. 냉동 보관 시, 3달 정도
    보관할 수 있어요.

비건 스모크 치즈

필요한 도구
믹서기, 냄비, 실리콘 주걱

재료
캐슈넛 40g을 불린 것, 채수 스톡 큐브 1개, 물 350ml,
소금 1+1/2작은술, 사과식초 2작은술, 아가베 시럽 1작은술,
스모크액 1작은술, 양파가루 1/2작은술, 마늘가루 1/2작은술,
뉴트리셔널 이스트 3큰술, 한천가루 2큰술, 타피오카 전분 4큰술,
정제 코코넛 오일 1/3 컵

스모키한 맛이 매력적인 이 치즈는 발효 과정 없이 만들 수 있
는 비건 치즈예요. 차갑게 굳혀서 납작하게 잘라 샌드위치에
곁들여도 좋고, 와인 안주로 곁들여도 좋아요. 팬에 녹여 치즈
소스로 쓸 수도 있고, 빵이나 라자냐 위에 얹어 오븐에 구우면
갈색으로 구워지면서 늘어나는 모습이 논비건 치즈와 흡사하
답니다.

1. 전날 캐슈넛의 두 배 이상의 물을 붓고 밀폐용기에 담아 냉장고에
   둡니다. 반나절 이상 불려야 캐슈넛이 충분히 부드러워져서 매끄
   럽게 잘 갈립니다. 바로 만들어야 할 때는 캐슈넛을 물에 20분 정
   도 끓인 뒤 뜨거운 물에 10분 정도 두었다가 찬물로 헹궈서 사용
   합니다.

2. 믹서기에 캐슈넛과 채수 스톡 큐브, 소금, 물을 넣고 곱게 갈아주
   세요. 가장 곱게 갈아야 하는 재료이기 때문에 먼저 갈고 다른 재
   료들을 넣고 한번 더 갈아줄 거예요.

3. 곱게 갈린 액체에 나머지 재료들을 모두 넣고 다시 곱게 갈아주세
   요. 고속 믹서로 1분 이상 갈아서 매끄러운 질감이 되도록 합니다.

4. 만들어진 치즈 베이스를 냄비에 담고 중약불로 끓입니다. 실리콘
   주걱(스패츌러)으로 눌어붙지 않도록 바닥을 계속 긁듯이 저으며
   끓여주세요.

토마토 소스 파스타, 맥앤치즈, 프렌치 어니언 스프, 비건 치즈 감자 크
로켓, 라자냐, 타프나드 구운 채소 샌드위치, 비건 다마고산도

5 물 같았던 베이스가 몽글몽글하게 엉기기 시작하면 눌러 붙지 않
게 계속 젓습니다. 잘 젓다 보면 울퉁불퉁하게 뭉쳤던 베이스가 다
시 매끄러워집니다. 계속 젓다가 수분이 많이 날아가고 뻑뻑해졌
다 싶을 때, 불을 끄고 준비해 둔 용기에 치즈를 담습니다.

6 치즈를 용기에 담고 상온에서 뚜껑을 덮지 않은 상태로 식힙니다.
다 식으면 뚜껑을 덮고 밀폐해서 냉장고에 보관합니다.

○ 냉장 보관 시 2주, 냉동 보관 시 2달 정도 두고 먹을 수 있어요.

비건 리코타 치즈

필요한 도구
고속 믹서, 냄비, 치즈 틀이나 두부 틀 등 구멍난 틀, 면포, 실리콘 주걱

재료
아몬드가루 375ml, 물 750ml , 소금 1+1/2작은술,
아가베 시럽 1/2작은술, 뉴트리셔널 이스트 1큰술,
애플 사이다 비니거(사과 식초) 2큰술, 엑스트라 버진 올리브유

- -

아몬드로 만드는 리코타 치즈예요. 아몬드 껍질을 벗겨야 뽀
얗고 부드러운 리코타 치즈를 만들 수 있기 때문에 100% 아
몬드가루를 사용하면 편리해요. 통아몬드를 사용한다면, 하루
전날 물에 불려두었다가 손으로 비벼 껍질을 잘 벗겨주세요.
한편, 시중에 판매되는 아몬드 음료는 너무 묽기 때문에 치즈
를 만들기 어려우니 참고하세요.

1   믹서에 아몬드가루와 물, 소금, 아가베 시럽, 뉴트리셔널 이스트를
    넣고 곱게 갈아주세요.

2   곱게 갈린 아몬드 음료를 냄비에 담고 중약불에서 끓입니다. 팔
    팔 끓어 오르기 적전까지 끓인 뒤에 불을 끕니다(온도계가 있다면
    90℃~95℃ 정도로 맞춰주세요). 주걱으로 아몬드 음료의 온도가
    균일해지도록 살살 젓습니다.

3   사과 식초 2큰술을 넣고 잘 섞습니다. 많이 휘저을 필요은 없어요.
    식초가 골고루 섞이게 몇 번만 크게 저어주세요. 뚜껑을 덮어 서늘
    한 곳에서 2시간 정도 식힙니다.

4   아몬드 음료가 상온 정도로 식으면 아몬드 리코타를 면포에 뜰 준
    비를 합니다. 국물이 빠질 수 있도록 볼 위에 체를 올리고 그 위에
    깨끗한 면포를 펼칩니다. 면포에 몽글몽글해진 아몬드 리코타를
    국자로 떠서 얹습니다.

곁들이면 좋은 메뉴

템페구이 샐러드, 당근 절임 샌드위치, 토마토 소스 파스타, 참나물 페스토 파스타, 레드 커리 두유 크림 파스타, 맥앤치즈, 버섯 크림 스프와 파스타, 라자냐, 가지 소스 콜드 파스타, 타프나드 구운 채소 샌드위치

- -

5 면포에 아몬드 리코타를 모두 얹고 나면 면포의 모서리를 빈틈 없이 잘 모아서 손으로 잡고 국물을 짭니다. 너무 과하게 힘을 주면 면포의 구멍으로 치즈까지 빠져나올 수 있으므로 살살 돌려가며 짜주세요.

6 천천히 짜다가 더 이상 수분이 빠져 나오지 않는 상태가 되면 면포의 윗부분을 고무줄이나 실로 단단히 묶어 한 시간 정도 매달아 수분을 더 뺍니다. 더운 계절에는 묶은 면포를 체에 올린 상태에서 위에 무거운 것을 올린 뒤 냉장고에 넣어 수분을 뺍니다.

7 **6**의 상태로 하룻밤 정도 수분을 뺀 뒤 깨끗한 용기에 덜어 보관해도 되고, 수분을 더 뺄 수 있는 치즈 틀이나 그릭 요거트를 만드는 틀이 있으면 거기에 치즈를 옮겨 담습니다. 틀 아래에 수분을 흡수할 수 있는 키친타월이나 접시 등을 깔고 밀폐용기에 넣어 냉장고에 넣어 하룻밤 더 수분을 뺍니다.

8 완성된 치즈는 밀폐용기에 담아서 위에 엑스트라 버진 올리브유를 충분히 둘러 둡니다. 기름이 산소와의 접촉을 막아 치즈를 오래 보관할 수 있고 함께 먹으면 풍미가 좋아요.

○ 냉장 보관 시, 1주 정도 보관할 수 있어요. 양파가루나 마늘가루, 허브를 첨가해서 취향에 맞게 다양한 맛으로도 만들 수 있답니다.

식물성 마요네즈

필요한 도구
핸드블렌더 or 믹서기

재료
두유 125ml, 레몬즙 1큰술, 화이트 와인 식초 1큰술,
디종 머스터드 1/2작은술, 소금 1/4작은술, 블랙솔트(일반 소금으로
대체 가능) 1/4작은술*, 아가베 시럽 1/2작은술,
포도씨유(해바라기씨유 등 향이 없는 식물성 기름 사용) 250ml

이 마요네즈는 감자 샐러드나 김밥, 샌드위치, 야키소바, 야키
우동, 볶음밥 등 다양한 음식에 크리미한 맛을 더해주고 감자
튀김을 비롯한 튀김류와 채소를 찍어 먹을 때도 빠질 수 없는
만능 소스예요.

1   두유는 30분 전에 미리 상온에 꺼내 놓습니다. 온도가 낮으면 질
    감이 잘 나오지 않을 수 있어요.

2   오일(포도씨유)을 제외한 모든 재료를 깊고 폭이 좁은 용기에 계량
    해 담아 핸드블렌더로 갈아줍니다. 믹서기를 사용할 경우, 믹서기
    에 오일을 제외한 재료들을 계량해 담고 재료가 잘 섞이도록 30초
    정도 고속으로 갈아주세요.

곁들이면 좋은 메뉴

3   포도씨유를 앞서 갈아 놓은 소스인 **2**에 조금씩 흘리면서 핸드블
    렌더를 사용해 고속으로 갈아주세요. 처음에는 물 같던 소스가 오

두부 마요 샌드위치, 참나물   일이 다 들어갈 때쯤에는 걸쭉해질 거예요. 믹서를 사용할 때도 뚜
페스토 파스타, 야키우동, 장   껑의 구멍으로 기름을 조금씩 흘리면서 다 들어갈 때까지 믹서를
떡과 옥수수전, 오코노미야   고속으로 돌립니다. 뚜껑에 구멍이 없는 경우라면, 기름을 3~4번
키, 콜리플라워 튀김, 생선   에 걸쳐 여러 번 나누어 갈아주세요.
없는 생선가스, 템페 와사비
마요 김밥, 매콤 비건 너겟 덮
밥, 타프나드 구운 채소 샌드
위치, 반미 샌드위치, 비건 가
츠산도와 비건 다마고산도

○   냉장 보관 시, 1주 정도 두고 먹을 수 있어요.

비건 랜치 소스

필요한 도구
핸드블렌더 or 믹서

재료
식물성 마요네즈 250ml, 식물성 두유 2/3컵, 마늘 1+1/2개,
케이퍼 1큰술, 딜 2작은술(말린 딜은 1작은술), 파슬리 1/2큰술,
양파가루 1작은술, 스모크 파프리카가루 1/2작은술,
후춧가루 1/4작은술, 소금 1/2작은술, 간장 1/2작은술,
사과 식초 1작은술, 아가베 시럽 1/2작은술

식물성 마요네즈를 베이스로 해서 마늘과 딜(허브), 케이퍼 등의 재료로 감칠맛과 향을 내면 평범한 마요네즈가 한층 업그레이드 됩니다. 이 비건 랜치 소스는 비건 피자나 샐러드, 채소 스틱, 튀김과도 정말 잘 어울려요. 한번 먹어 보면 매력적인 맛에 빠질 수 밖에 없는 소스예요.

1   마늘은 단단한 꼭지를 칼로 잘라내고 모든 재료들을 계량하여 깊은 용기에 담고 핸드블렌더로 갈아줍니다. 용기가 얕으면 재료가 튈 수 있고 폭이 넓으면 흩어져서 잘 갈리지 않으므로 좁고 긴 용기를 쓰는 것이 좋아요.

2   바로 먹어도 맛있지만, 마늘의 아린 맛이 중화되도록 하룻밤 두었다가 먹는 것을 추천합니다.

곁들이면 좋은 메뉴

두부 마요 샌드위치, 맥앤치즈, 콜리플라워 튀김, 비건 치즈 감자 크로켓, 템페 와사비 마요 김밥, 비건 가츠산도와 비건 다마고산도

○   냉장 보관 시, 2주 정도 두고 먹을 수 있어요.

식물성 음료

필요한 도구
고속 믹서기, 체, 면포

재료
캐슈넛 or 아몬드가루 1컵(250ml), 물 3컵(750ml, 견과류의 3배),
소금 약간, 설탕 2꼬집 or 아가베 시럽 1/4작은술

요즘에는 시중에 두유를 비롯해 아몬드 밀크, 오트 밀크 등 다양한 식물성 음료들이 나오고 있지만 동네 마트에서 구하기 어려운 경우도 있어요. 직접 만들어보면 생각보다 간단하고 쉽답니다. 견과류와 물을 넣고 곱게 갈기만 하면 되는데, 단단한 견과류를 곱게 잘 갈려면 하루 전날 물에 불려 놓아야 해요. 어떤 견과류를 사용하느냐에 따라 개성도 맛도 다양해지니 한 번 시도해보세요.

1   생캐슈넛이나 생아몬드를 사용할 경우, 전날 2배 이상의 물에 넣어 냉장고에서 불려주세요.

2   믹서기에 불린 견과류나 아몬드가루를 넣고 3배의 물을 넣습니다. 소금 2~3꼬집, 설탕 2꼬집 혹은 아가베 시럽을 1/4작은술 정도만 넣습니다.

3   믹서기로 아주 곱게 갈아 주세요. 믹서기가 과열될 것 같으면 잠시 쉬어가면서 여러 번에 걸쳐서 최대한 곱게 갈아주세요.

4   볼 위에 체와 깨끗한 면포를 펼쳐 올립니다. 거기에 곱게 간 식물성 음료를 부어주세요.

5   면포의 모서리를 빈틈 없이 잘 모아서 식물성 음료를 천천히, 최대한 짜냅니다.

과일스무디와 스무디볼, 두부 마요 샌드위치, 레드커리 두유 크림 파스타, 맥앤치즈, 콜리플라워 튀김, 탄탄멘, 버섯 크림 스프와 파스타, 라자냐

6 걸러진 식물성 음료는 병이나 밀폐용기에 담아서 냉장고에 보관합니다.

○ 냉장 보관 상태에서 4~5일 안에 먹습니다.

○ 아무런 첨가물이 없는 순수한 식물성 음료이기 때문에 건더기가 쉽게 가라 앉아요. 먹기 전에 꼭 흔들어 섞은 후에 드세요.

○ 면포 안에 남은 견과류 찌꺼기는 얼려두었다가 비건 리코타 치즈를 만들 때 해동해서 아몬드 음료에 더해 사용해도 되고, 베이킹을 할 때 쿠키 반죽 등에 섞어도 됩니다.

비건 쯔유

필요한 도구
냄비, 체

재료
간장 200ml, 미림 100ml, 물 400ml, 설탕 2큰술, 건표고버섯 1줌,
다시마 4조각, 대파 1줄기*, 생강가루 약간*

우동, 소바 등 다양한 음식에 활용하는 쯔유는 일본식 맛간장
으로 보통 가츠오부시를 재료로 만들지만, 이 비건 쯔유는 다
시마와 표고버섯을 사용해서 만듭니다. 대파, 생강과 함께 끓
이면 감칠맛이 더욱 풍부해집니다. 여름에는 차가운 쯔유에
얼음을 동동 띄워 메밀 소바로 먹기도 하고, 겨울에는 따뜻하
게 끓여 온소바나 우동을 만들어 먹기도 해요. 채소나 두부를
튀겨 쯔유에 찍어 먹어도 맛있어요.

1 냄비에 모든 재료를 계량해 넣습니다.

2 약불에서 천천히 끓이다가 끓어오른 지 15분 정도 되면 불을 꺼
둡니다. 따뜻한 상태에서 재료들의 맛이 계속 우러나옵니다.

3 쯔유가 식으면 체에 걸러 보관 용기에 담습니다.

곁들이면 좋은 메뉴

낫토 라이스, 유부 우동, 채
소 절임, 온소바와 아게다시
도후

○ 냉장 상태에서 열흘 정도 보관할 수 있어요.

비건 데리야키 소스

필요한 도구
냄비, 체

재료
간장 250ml, 미림 120ml, 물 250ml, 설탕 120ml, 건표고버섯 1줌,
조각 다시마 7~8 조각, 대파 흰 부분 1줄기*, 생강가루 약간*

비건 데리야키 소스는 비건 쯔유와 비슷한 방법으로 만들지
만, 조금 더 달고 걸쭉하게 만듭니다. 면이나 밥, 채소를 볶을
때 굴소스를 대신해 짭짤한 감칠맛을 내주기도 하고, 템페 같
은 재료를 졸일 때도 사용할 수 있어요. 채소 튀김으로 텐동
(일식 튀김 덮밥)을 만들어 뿌려 먹어도 좋고, 꼬치요리 등 다
양한 일식 요리에 응용할 수 있어서 만들어 두면 유용한 소스
입니다.

1   냄비에 모든 재료를 계량해 넣습니다.

2   액체가 반으로 졸아들 때까지 약불에서 천천히 저어가며 끓입니다.

3   반으로 졸아들면 불을 끄고 잠시 식을 때까지 두었다가 체에 걸러
서 용기에 담습니다.

곁들이면 좋은 메뉴

템페구이 샐러드, 야키우동,
오코노미야키, 가지 데리야키
덮밥

○   냉장 보관 시, 3주 정도 보관할 수 있어요.

비건 라구 소스

필요한 도구
핸드블렌더, 냄비

재료
양파 1개, 새송이버섯 1개, 양송이버섯 6개, 표고버섯 5개,
파슬리 5~6줄기(건파슬리 2작은술), 당근 1/2개, 셀러리 1줄기,
호두 1/2컵, 블랙올리브 20개, 삶은 병아리콩 1/2컵*, 케이퍼 2큰술*,
식물성 기름, 소금, 후추, 비건 레드 와인 1/2컵, 비건 토마토 소스 500ml,
미소된장 1큰술(한국 된장은 1/4큰술), 설탕 1/2작은술, 페페론치노 약간,
채수 스톡 큐브 1개를 녹인 물 1/2컵*

라구 소스는 다진 육류를 사용해 만들지만, 이 비건 라구 소스
는 고기 대신 버섯을 다져 넣고 미소된장, 올리브 등의 식물
성 재료를 활용해 만들어요. 호두를 잘게 다져 넣으면 견과류
특유의 기름진 맛과 향이 녹아들어 한층 고소한 맛을 끌어올
립니다. 손질해야 할 재료가 많긴 하지만, 양파와 버섯과 같은
수분이 많은 재료를 제외하고는 블렌더로 잘게 갈아주기만 하
면 만드는 과정도 어렵지 않으니 한번 도전해보세요. 라자냐
와 파스타는 물론, 밥과 볶아 토르티야에 채소와 함께 말아 부
리토로 먹어도 맛있어요.

1 양파와 버섯, 파슬리는 칼로 작게 다집니다. 수분이 많고 여려서
   너무 곱게 다지면 즙이 나와 축축한 질감이 될 수 있으니 유의하
   세요.

2 당근, 셀러리, 호두, 블랙올리브, 병아리콩, 케이퍼는 핸드블렌더
   로 잘게 다집니다.

3 냄비에 기름을 넉넉히 두르고 양파와 당근, 셀러리를 먼저 볶습
   니다.

4 채소가 잘 익고 노릇노릇해지면 호두, 블랙올리브, 케이퍼, 병아
   리콩을 넣고 볶다가 다진 버섯도 넣고 같이 달달 볶습니다. 재료
   의 수분을 날린다 생각하고 중약불에 타지 않게 볶아 주세요. 잠시

곁들이면 좋은 메뉴

> 라자냐

- · - ·

후, 와인으로 닦아낼 것이기 때문에 약간 눌어 붙는 정도는 괜찮아요. 소금과 후추를 약간 뿌립니다.

5. 재료가 모두 잘 볶아지면 레드 와인을 부어 주걱으로 냄비 바닥에 눌러 붙은 부분을 긁어 소스에 녹아들도록 합니다. 알코올이 날아가도록 잠시 끓여주세요.

6. **5**에 비건 토마토 소스를 넣고 약불에서 끓입니다. 미소 된장과 설탕, 페페론치노, 파슬리, 채수 스톡 큐브를 녹인 물 반 컵을 넣어 약불에서 오랫동안 뭉근하게 끓입니다.

7. 바닥이 타지 않게 가끔 저어주세요. 시간이 지나면서 소스에 채소의 맛이 우러나고 재료들끼리 맛이 어우러집니다. 아주 약한 불에 30분 정도 끓여 소스가 걸쭉한 농도가 되면 마지막으로 소금으로 간을 맞추고 식혔다가 용기에 담습니다.

○ 냉장 상태에서 1주 정도 보관할 수 있어요. 냉동시키면 더 오래 보관할 수 있습니다.

허브 빵가루

필요한 도구
핸드블렌더 or 믹서기, 오븐, 종이 포일

재료
바게트 빵 1/2개, 올리브유 2~3큰술, 소금 3~4꼬집, 곱게 다진 허브 or
건허브가루(파슬리, 로즈마리 등 취향에 따라 선택) 1/2작은술

허브 빵가루는 파스타와 같은 이탈리아 요리와 잘 어울려요.
오븐에 빵을 바삭하게 구워서 허브 향을 입히고 잘게 갈아서
만드는 소스인데 완성된 파스타 위에 뿌려주면 씹히는 식감
과 고소함, 은은한 향을 더해줘 한층 매력적인 요리가 됩니다.
먹는 재미도 있고, 고급 스킬을 사용한 듯한 느낌을 줄 수 있
어요. 파스타, 스프, 샐러드, 피자, 라자냐 등 다양한 음식과 잘
어울리고, 수분이 말라 단단해진 빵으로도 만들 수 있어 남은
빵을 처리하기에도 좋아요.

1 바게트 빵을 빵칼을 이용해 1cm 정도 두께로 자른 뒤 가위를 이용
   해 작은 정육면체로 자릅니다.

2 오븐 팬에 종이 포일을 깔고 작게 자른 빵을 펼친 뒤 올리브유를 2
   큰술 정도 뿌리고 소금을 전체적으로 살짝 뿌린 뒤 손으로 뒤적뒤
   적 섞어줍니다.

3 180℃로 예열한 오븐에 4분간 구운 뒤 뒤적여 색이 나지 않은 면
   이 위로 올라오도록 하고 다시 3분간 굽습니다.

4 구운 빵에 곱게 다진 허브나 건허브가루를 골고루 뿌린 뒤 또 한번
   뒤적여주고 3분간 굽습니다. 빵이 골고루 밝은 갈색이 되고 속의
   수분까지 날아가 바삭하게 구워지면 꺼내어 식힙니다. 색이 나기
   시작하면 금방 쉽게 탈 수 있으니 2번째부터는 짧게 끊어 구우며

곁들이면 좋은 메뉴

템페구이 샐러드, 채소 오일 파스타, 참나물 페스토 파스타, 맥앤치즈,
프렌치 어니언 스프, 버섯 크림 스프와 파스타, 라자냐

상태를 계속 확인합니다.

5 완전히 식히면 빵이 더 바삭하고 단단해집니다. 핸드블렌더에 넣
   고 잘게 갈아 주세요. 빵이 과자처럼 바삭하게 충분히 구워져야 잘
   갈립니다.

○ 밀폐용기나 지퍼백에 밀봉해 보관해야 눅눅해지는 것을 막을 수
   있어요. 금방 먹을 거라면 상온에 보관해도 되지만, 오래 두고 먹
   으려면 냉동 상태로 보관하세요. 냉동실에서 꺼낼 땐 단단하게 뭉
   쳐 있을 수 있는데 포크나 숟가락 등으로 상온에서 부수면 다시
   가루로 떨어집니다.

You Are What You Eat.

Just Cook Vegan!

맛있어서, 하루 비건

초판 1쇄 인쇄 2021년 7월 23일
초판 2쇄 발행 2021년 9월 8일

지은이	박정원	**발행처**	㈜시공사
발행인	윤호권 · 박헌용	**출판등록**	1989년 5월 10일(제3-248호)
본부장	김경섭	**주소**	서울시 성동구 상원1길 22 7층 (우편번호 04779)
책임편집	김하영	**전화**	편집 (02)3487-1650 마케팅 (02)2046-2800
사진	박정원 · 김대현	**팩스**	편집 · 마케팅 (02)585-1755
식기협찬	오덴세(odense)	**홈페이지**	www.sigongsa.com
		ISBN	979-11-6579-631-0 13590